安徽现代农业职业教育集团
服务“三农”系列丛书

Nongyong Jixie Weixiu Shiyong Jishu

农用机械维修实用技术

主　编　易克传
副主编　姚智华　陈皓云
编　者　李　慧

图书在版编目(CIP)数据

农用机械维修实用技术 / 易克传主编.
—合肥 :安徽大学出版社，2014.1
(安徽现代农业职业教育集团服务“三农”系列丛书)
ISBN 978-7-5664-0669-9

Ⅰ.①农… Ⅱ.①易… Ⅲ.①农业机械—维修 Ⅳ.①S220.7

中国版本图书馆 CIP 数据核字(2013)第 293737 号

农用机械维修实用技术　　易克传　主编

出版发行:北京师范大学出版集团
安 徽 大 学 出 版 社
(安徽省合肥市肥西路 3 号 邮编 230039)
www.bnupg.com.cn
www.ahupress.com.cn
经　　销:全国新华书店
印　　刷:中国科学技术大学印刷厂
开　　本:148mm×210mm
印　　张:7
字　　数:188 千字
版　　次:2014 年 1 月第 1 版
印　　次:2014 年 1 月第 1 次印刷
定　　价:14.00 元
ISBN 978-7-5664-0669-9

策划编辑:李　梅　武溪溪　　**装帧设计**:李　军
责任编辑:张明举　武溪溪　　**美术编辑**:李　军
责任校对:程中业　　**责任印制**:赵明炎

序

解决“三农”问题，是农业现代化乃至工业化、信息化、城镇化建设中的重大课题。实现农业现代化，核心是加强农业职业教育，培养新型农民。当前，存在着农民“想致富缺技术，想学知识缺门路”的状况。为改变这个状况，现代农业职业教育必然要承载起重大的历史使命，着力加强农业科学技术的传播，努力完成培养农业科技人才这个长期的任务。农业科技图书是农业科技最广博、最直接、最有效的载体和媒介，是当前开展“农家书屋”建设的重要组成部分，是帮助农民致富和学习农业生产、经营、管理知识的有效手段。

安徽现代农业职业教育集团组建于2012年，由本科高校、高职院校、县(区)中等职业学校和农业企业、农业合作社等59家理事单位组成。在理事长单位安徽科技学院的牵头组织下，集团成员牢记使命，充分发掘自身在人才、技术、信息等方面的优势，以市场为导向、以资源为基础、以科技为支撑、以推广技术为手段，组织编写了这套服务“三农”系列丛书，全方位服务安徽“三农”发展。本套丛书是落实安徽现代农业职业教育集团服务“三农”、建设美好乡村的重要实践。丛书的编写更是凝聚了集体智慧和力量。承担丛书编写工作的专家，均来自集团成员单位内教学、科研、技术推广一线，具有丰富的农业科技知识和长期指导农业生产实践的经验。

丛书首批共22册，涵盖了农民群众最关心、最需要、最实用的各类农业科技知识。我们殚精竭虑，以新理念、新技术、新政策、新内容，以及丰富的内容、生动的案例、通俗的语言、新颖的编排，为广大农民奉献了一套易懂好用、图文并茂、特色鲜明的知识丛书。

深信本套丛书必将为普及现代农业科技、指导农民解决实际问题、促进农民持续增收、加快新农村建设步伐发挥重要作用，将是奉献给广大农民的科技大餐和精神盛宴，也是推进安徽省农业全面转型和实现农业现代化的加速器和助推器。

当然，这只是一个开端，探索和努力还将继续。

安徽现代农业职业教育集团

2013年11月

前言

随着经济发展和科技的进步，我国农业已从传统农业逐步转变为现代化农业，农业生产基本实现机械化，各种新型农业技术和机械被广泛应用到农业生产的各个环节。农用机械的广泛使用减轻了农民朋友的体力劳动，提高了生产效率，同时也节约了生产成本，提高了生产效益。但绝大多数农用机械的使用者和维修人员没有经过系统的学习或培训，缺乏与农用机械相关的专业技术及正确的使用与维修知识，在实际使用过程中因遇到一些棘手的问题，而影响农业生产。为满足现代农业发展的需要，提高农用机械的使用水平，普及农用机械的使用与维修知识，安徽现代农业职业教育集团组织相关人员编写了本书。

本书共分八个部分，第一部分介绍了农用机械的故障、故障修理与修复工艺；第二部分介绍了农用动力机械（拖拉机）的基本结构、驾驶操作、技术保养和故障维修技术；第三部分介绍了土壤耕作技术要求、耕作机械（犁、旋耕机、耙）的基本结构和使用维修技术；第四部分介绍了种植作业的技术要求、种植机械（播种机、插秧机）的基本结构和使用维修技术；第五部分介绍了植物保护的意义与技术要求、植物保护机械（喷雾机、弥雾喷粉机）的基本结构和使用维修技术；第六部分介绍了排灌的技术要求、排灌机械（水泵、喷灌机）的基本结构和使用维修技术；第七部分介绍了作物收获机械（收割机、脱粒机、联合收获机)的基本结构和使用维修技术;第八部分介绍了农副产品加工机械(碾米机、磨粉机、饲料加工机械)的基本结构和使用维修技术。

本书图文并茂,语言通俗易懂,内容上突出实用性和可操作性,可供农机管理员、农机驾驶员和农机维修人员等阅读。

本书在编写过程中参考了相关文献资料,在此对其作者表示感谢。由于编者水平有限,书中难免有不足和疏漏之处,恳请广大读者批评指正。

编 者

2013年11月

目 录

第一章

农用机械维修基本知识

一、农用机械的故障

1. 农用机械的故障原因

农用机械产生故障的原因是多方面的，但从性质上可分为自然性原因和责任性原因。

(1)自然性原因 这是机械在长期使用和保管过程中，由于配合件相互摩擦、周围介质的腐蚀，使零件表面遭到磨损、腐蚀、材料疲劳、老化等形成的。这类原因是不可避免的，但如能正确地使用，加强技术保养，则可以减缓其损伤的速度，延长机械的使用寿命。

①摩擦磨损。农用机械在使用过程中，动配合零件之间、零件和土壤之间，由于相互摩擦，使零件的尺寸、形状、表面质量产生了变化，破坏了其正常的配合关系和技术性能，从而使机械产生故障。零件的摩擦磨损是一个复杂的过程，按磨损的机理分，农业机械零件的磨损主要有磨料磨损和黏附磨损两种。

磨料磨损是指在工作时零件表面与硬的磨料颗粒相碰触，在相互运动时，零件表面被硬的磨料颗粒擦伤或刮削，造成零件损伤。为了减少磨料磨损，除了在设计制造时选用耐磨性能良好的材料及选择合适的加工精度外，还应在使用时做好机器的保养，保证油、水、空气的清洁，在修理时也应认真清洗零件，防止带入磨料。

黏附磨损是一种极为有害的磨损，常发生在高速、重载和缺油时的配合件表面。为了避免黏附磨损的产生，除在制造时正确选择材料（同种金属材料易产生黏附）外，还要在修理时保证合适的配合间隙和表面精度，在修理后按规范进行正确的磨合。

②零件的腐蚀。农用机械的零件大多是金属材料制作的，在使用和保管过程中，会产生腐蚀性损坏（如金属件的生锈就是常见的一种腐蚀）。金属零件的腐蚀按其机理可分为化学腐蚀和电化学腐蚀两种。

化学腐蚀是由于金属零件与周围介质发生化学反应而引起的损坏（如金属零件在干燥、高温的气体中的腐蚀等）；电化学腐蚀是金属零件与酸、碱、盐的水溶液接触发生电化学反应而引起的损坏（如农业机械受雨、潮湿空气、酸碱气体的作用而使金属零件产生的锈蚀）。

为防止金属零件的腐蚀，通常在零件表面上覆盖保护层，以防止金属与腐蚀介质接触。如在金属零件表面电镀一层镍、铬、锌等金属材料，或在零件表面涂上黄油、机油、油漆等。

③零件的疲劳损坏。农用机械的很多零件是在交变循环载荷作用下工作的，当交变应力和循环次数超过零件疲劳极限时，就会产生疲劳损坏。如齿轮、滚动轴承表面金属剥落而形成的麻点、凹坑，轴类、弹簧的折裂等。

预防零件的疲劳损坏，除了在制造时选择正确的材料，保证制造加工质量外，在使用修理时还应避免零件产生额外载荷（如保证零件的修理质量，正确地进行装配，以减少应力集中）。另外，提高零件的疲劳强度，也是减少零件疲劳损坏的有效方法（如在修理时对零件进行喷炒、按压、敲击等强化措施）。

图 1-1，1-2所示分别为齿轮和轴类零件的疲劳损坏实例。

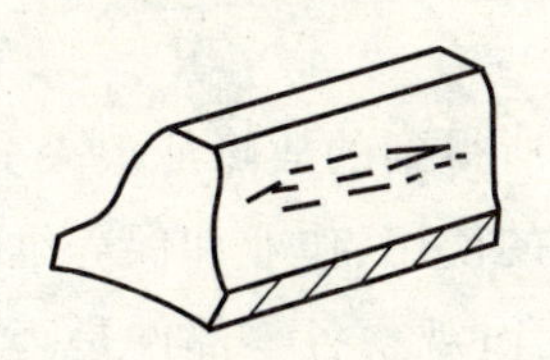

图 1-1　齿轮表面剥落图

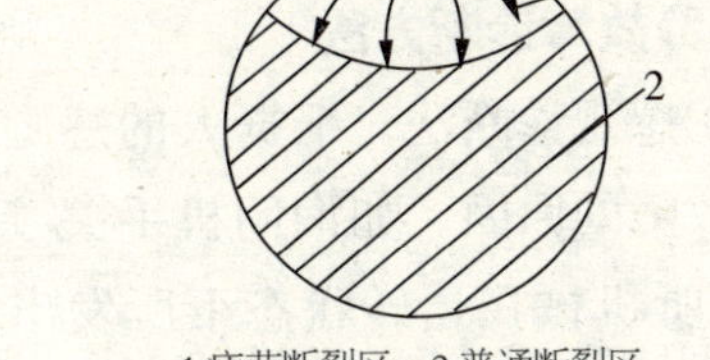

1.疲劳断裂区；2.普通断裂区

图 1-2　轴类零件的疲劳断裂

(2)责任性原因

①制造、修理等方面的原因。设计不合理，材料强度不够，制造、修理质量不符合要求，从而引起故障。

②使用维护方面的原因。使用人员违章操作，未及时对机械进行保养和调整、修理，或对新机械不进行正确磨合就投入满负荷作业等，均易使机械产生故障。

③运输、保管方面的原因。在运输、保管过程中，机械没有按照技术要求放置，引起机架、零件变形；在长期保管过程中，未按规定对机械进行技术维护，使零件产生腐蚀、老化等。

2. 农用机械的故障诊断

(1)故障的征象

①作用反常。机械的一些机构、系统、零部件不能按技术要求完成规定动作，如牵引犁、播种机不升起，离合器不能彻底分离等。

②声音反常。机械在运转时某些机构发生异常响声，如传动齿轮、链条链轮发生冲击声，零件松动，或配合间隙过大产生振动声等。

③外观反常。如零件变形、出现裂纹、行走轮摇摆、漏油、漏水等。

④温度反常。某些传动机构由于配合或调整不当而过热，如轴承、离合器等温度过高。

⑤气味反常。如离合器、制动器摩擦片由于调整不当而烧焦，发

出臭味等。

(2)故障诊断方法

①感观诊断法。根据人的感觉器官所得到的故障征象来分析、诊断故障的原因。如询问机手关于机械的使用、作业和保养维修情况;倾听机械在运转状态下所发出的声音;观察各零部件是否有变形、裂纹、漏油、漏水等情况;在机械运转状态下,用手触摸检查有无温度过高、零件松动等情况;用鼻子嗅辨有无不正常的气味等。

②试探法。当不能肯定故障的原因时,可以进行某些试验性的调整,来观察故障征象有无变化。如收割机、脱粒机传动部分有不正常的响声,则可对有关部件进行适当调整,若此时故障征象消除,便可断定故障的所在部位。

③隔除法。采用停止某一部分或某一系统的运转来观察故障征象的变化,从而判断故障的所在部位和原因。对传动系统常常采用这种办法。

3. 农用机械的维修

(1)零件的磨损规律　在正常情况下,零件的磨损是有规律的,零件的磨损量与其工作时间的关系如图 1-3所示。

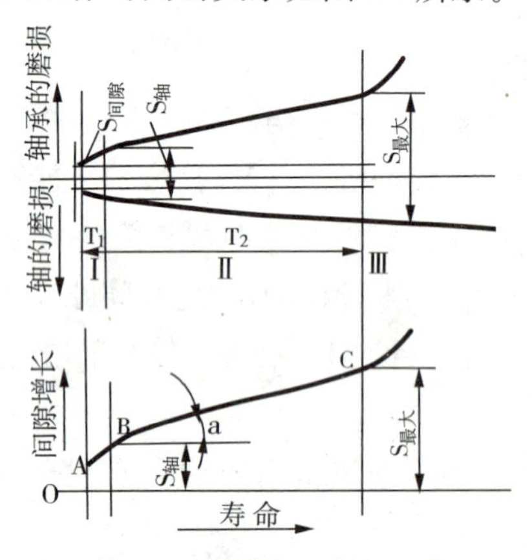

图 1-3　配合件的磨损曲线

从曲线图可知零件的磨损规律可分为三个阶段：

第一阶段（曲线 AB）为磨合磨损阶段。这一阶段由于零件刚刚开始工作，表面具有一定的粗糙度和几何形状误差，零件间的实际接触面较小，单位面积压力较大，润滑油膜容易被破坏，因而零件的磨损量（或配合间隙）增长速度较快。

第二阶段（曲线 BC）是机器正常工作期间磨损阶段。这一阶段由于零件表面经过第一阶段磨合后，其表面质量得到改善，配合面、接触面增大，压力分布均匀，配合间隙合适，润滑条件好，因此，其磨损量增长缓慢，延续时间较长。

第三阶段（曲线 C 点以后）是事故磨损阶段。当配合件进入这一阶段后，由于配合间隙过大，润滑油压力下降，正常的润滑条件会被破坏，同时会出现冲击和过热，因此，零件的磨损速度会急剧加快，如继续使用，零件很快就会损坏，并导致机械发生严重故障。

从零件的磨损规律可知，为了延长零件配合件的使用寿命，首先在维修时应保证零件表面的加工精度和装配间隙，开始工作时应按正确的磨合规范进行磨合，以减少磨合后的配合间隙。其次在使用期间，应按规程正确使用和保养。当零件已磨损到极限值时，应及时进行修理，以免造成机器的重大损坏。

(2)零件、配合件的磨损极限和允许极限　磨损极限是指零件、配合件的磨损量达到不能再继续使用的磨损值。应在零件、配合件的配合间隙达到磨损极限之前，进行修理和更换。允许极限是指当零件、配合件已经有了磨损，但在一个修理间隔内，其磨损量不超过磨损极限，此时的磨损值就是允许极限。

在使用中，正确掌握磨损极限和允许极限是保障机器状态良好、预防发生故障的重要措施。

(3)计划性预防维修制度　计划性预防维修制度是指按期强制性的保养和定期检查，然后根据机器的技术状态，有计划地进行修理。

农用机械与汽车相比，结构比较简单，加工精度较低，修理的工艺比较简单，一般除联合收割机外，其他机械只需小修即可。修理时多采用锻、焊、钳工、机械加工等工艺。一般在基层农机站修理，时间大多在农忙季节到来之前。

二、农用机械维修基本工艺

1.农用机械的拆卸

(1)拆卸注意事项

①清除外部泥污，搞清楚其构造原理。

②掌握合适的拆卸范围，可不拆的零件尽量不拆，这样可减少拆卸工作量(拆卸会使零件造成不同程度的损伤，减少其使用寿命)。

③选用合适的工具，防止猛敲猛打，以免引起零件的损伤和变形。

④做好标记，对不能互换、不能错位的配合件，应核对记号；无记号的应做好标记，并分组存放，按原位安装。

(2)典型零件的拆卸

①螺纹连接件的拆卸。拆卸时，应先搞清螺纹的正反方向，选用合适的扳手。拆卸不动时，应分析原因，不能随意加力或加长接力杆，以免将螺杆拆断。拆卸双头螺栓时最好使用带偏心轮的专用套筒扳手，当无此工具时，可用两个螺母旋入双头螺栓，拧动下边的螺母，便可将螺栓拧出。拆卸多螺栓连接件时，应按对称、交叉的顺序，先把全部螺栓拧松1～2圈，然后再逐个将其拆下。对悬臂多螺栓连接，应先在下边放置垫木或支架，然后从下向上对称均匀地拧松，最后卸下最上边的螺栓。

拆卸锈死的螺栓、螺母时，通常采用下列方法：

在螺纹处加注汽油或机油，浸润20～30分钟，使锈层变松；用手锤轻轻敲击螺栓、螺母四周，震碎锈层，然后先紧后松地反复拧动；用

喷灯加热螺母，使之受热膨胀，趁螺栓尚未受热时迅速拆下。

拆卸断头螺栓时，通常采用下列方法：

直径较大的断螺栓，可用较钝的扁凿和手锤按螺栓拧松的方向敲击，慢慢剔出；若断螺栓高于机体，可用锉刀将螺栓锉成扁形或方形，用扳手将其拧出，或在断头上锯出槽口，然后用螺丝刀拧出，也可在断头端焊上螺母，然后用扳手拧出；若断螺栓高于机体较少，或低于螺孔平面时，可在螺栓中心钻一小孔，然后打入一个多角形淬火钢棒，拧转钢棒将断螺栓拧出。也可在小孔内攻制相反螺纹，用相应螺栓将其拧出；若有条件，可用钻头将断螺栓全部钻掉，重新改制加大螺孔，换用螺栓。

②过盈配合件的拆卸。对一些过盈配合件的拆卸，如滚动轴承、齿轮、皮带轮等，拆卸时应注意下列几点：

选用合适的专用工具，如拉具、压力机等。若无专用工具，用手锤拆卸时，应垫以铜棒、木块，以防锤子直接打在零件表面上将其打坏。拆卸前应检查零件有无销钉、螺钉、卡簧等辅助固定装置，若有，应先拆除，以防将零件拆坏。

2. 零件的清洗和鉴定

(1)零件的清洗　在农用机械修理过程中，拆下的零件会沾有油污、积炭和水垢，为了准确鉴定零件的技术状态，确保农用机械的技术性能，必须对零件进行清洗。

①油污清除。农机零部件上的油污一般由油脂、金属、尘土等混合物组成，可用除油污溶剂来清除。常用的除油污溶剂有碱性溶液、有机溶液和金属清洗剂等。

• 碱性溶液除油。对零件表面动植物油脂和矿物油脂，可采用碱性溶液加入少量乳化剂清除。常用的碱性溶液配方(以质量计)为：对钢铁零件，苛性钠 0.75%、碳酸钠 5.0%、磷酸钠 1.0%、肥皂 0.15%、水 93.1%；对铝合金零件，碳酸钠 1.0%、重铬酸钾 0.05%、水 98.85%。

清洗时，应先将溶液加热到 75～80℃，若采用压力喷射，除油效

果更佳。清洗完成后，再用热水冲洗零件表面残留的碱溶液，晾干后涂油，以防生锈。

• 有机溶液除油。对精密零件如高压油泵、喷油器等，可采用有机溶剂清洗。常用的有机溶液有汽油、煤油、酒精、三氯乙烯等。其主要优点是：方法简便，不需要加温，适宜清洗精密和不宜用碱性溶液清洗的零件，如铜、铝、塑料、毡质零件等。但有机溶剂价格高，易燃烧，不宜推广应用。

• 金属清洗剂除油。修理铝合金零件时，可采用金属清洗剂除油。其主要优点是无毒、无臭、不易燃烧、不易腐蚀、挥发性小、使用安全、去污能力强、清洗成本低，已被广大机手和农机维修厂普遍采用。但其缺点是常温下清洗效果差，对人体皮肤刺激较大。目前市场上清洗剂的品牌很多，性能不一，应根据零件的材质、积污特点进行选择，如有加热条件的可选用高温型清洗剂，手工刷洗时可选用低温型清洗剂。表 1-1列出了几种清洗剂的技术性能和应用范围，供选择参考。

表 1-1　几种金属清洗剂的技术性能和应用范围

型号	生产厂家	外观特征	使用浓度(%)	使用温度(℃)	pH	防锈性	去污性	适用范围
8112	上海合成洗涤剂厂	白色固体颗粒粉状	3～5	常温～80	11	一般	去污力强，去积炭较好	拖拉机、汽车等机械维修
664	上海合成洗涤剂厂	棕黄色黏性液体	1～3	60～80	8	好	去油污力强	铝合金清洗及机械维修
77-3	常州曙光化工厂	绿色固体粉末	2～5	常温～80	10	一般	去油污、积炭好	拖拉机、汽车等机械维修
B-25	湖南邵阳合成洗涤剂厂	浅棕色液体	2～3	40～75	7	一般	去油污力较强	同上
DJ-23	四川德阳孝泉机械厂	黄色固体块状	2～3	常温～80	9	一般	去油污力强，去积炭和胶膜较好	同上
JX-618	广东江门肥皂厂	白色固体粉末	3～5	常温～	10～12	一般	去油污力强	同上

②积炭清除。农用机械在工作过程中，由于油料的不完全燃烧，在汽缸盖、活塞、气门和喷油嘴等零件上易产生积炭，时间长了会影

响发动机工作性能，同时造成机件的损害，所以，在修理时必须加以清除。积炭的清除方法通常有机械法和化学法两种。

• 机械法。用金属刷、刮刀、砂纸等用具清除积炭。此方法简单，但效率低，容易刮伤零件表面，故不能用于清除精密零件表面的积炭。对这些零件上积炭可用木制、竹制、铜制刮刀清除，也可在软木板上摩擦清除。机械法清除零件积炭后，需用油仔细清洗。

• 化学法。日常机械零件积炭的清除，大多采用化学方法，这里介绍几种除炭溶液配方：

清除钢铁零件。配方1：100克水中加苛性钠2.5克、碳酸钠3.0克、硅酸钠0.15克、肥皂0.85克；配方2：100克水中加苛性钠10克、重铬酸钾0.5克；配方3：100克水中加苛性钠2.5克、碳酸钠3.1克、硅酸钠1.0克、肥皂0.85克、重铬酸钾0.5克。

清除铝合金零件。配方1：100克水中加碳酸钠1.85克、硅酸钠0.85克、肥皂0.8克；配方2：100克水中加碳酸钠2.0克、硅酸钠0.8克、肥皂1.0克、重铬酸钾0.5克；配方3：100克水中加碳酸钠1.0克、肥皂1.0克、重铬酸钾0.5克。

清洗时，先将溶液加热到80～90℃，然后将零件放入，浸泡2～3小时后取出，用毛刷或棉纱擦除积炭，再用热水洗净，吹干或晾干。

③水垢清除。由于矿物盐沉积，冷却系统会形成水垢，影响冷却系统散热效果，必须定期清除水垢。其方法有以下几种：

• 盐酸液清洗。清除铸铁汽缸体中的水垢时，可将浓度为8%～10%的盐酸液与浓度为3%的若丁缓蚀剂溶液混合，加热到50～60℃后注入水套内，浸透2～3小时后排出，再用加有重铬酸钾的水溶液进行清洗，或用5%的苛性钠水溶液注入水套内，清除残留的酸溶液。然后用清水冲洗几次，直到洗净为止。此方法适于清除主要成分为碳酸钙和硫酸钙的水垢。

• 苛性钠溶液清洗。清除以硅酸钙为主要成分的水垢时，可将2%～3%苛性钠水溶液加入冷却系统，待机车行驶1～2天后放出，用清水冲洗，然后再重复一次，最后用清水彻底清洗系统。

（2）零件的鉴定 清洗后的零件应进行技术状态鉴定，然后根据技术标准，确定零件能否继续使用。对需要维修的零件，应根据损伤情况，确定其修理方法。

①零件的鉴定方法。

•感官鉴定法 。凭人的感觉器官判断零件的技术状态，是常用的一种修理方法，这种方法精度不高，需要有一定的经验。常用的有以下几种。

目测法：用眼睛直接观察或借助放大镜来鉴定零件外部有无明显的缺陷。

声音鉴定法：利用小锤轻轻敲击被检测部位，从发出的声音来判断其技术状态（当零件无裂纹时，敲击发出的声音清脆；若有裂纹时，发出的声音发哑）。

手感鉴定法：一些有经验的技术人员，可用手的感觉来判断配合间隙的大小。

•浸油鉴定法。将要鉴定的零件浸入煤油中一段时间后取出，将其表面擦净，在零件表面上涂上一层白粉，干燥后用小锤轻轻敲击零件，若零件有裂纹，裂纹中的煤油便将白粉浸湿，从而显示零件裂纹的位置和范围。

•量具测量鉴定法。利用测量工具进行鉴定，主要用来检查零件的尺寸、几何形状、相互位置误差等。常用的量具有钢尺、厚薄规、游标卡尺、外径百分尺、百分表等。

•专用仪器设备鉴定法。农用机械零件的某些缺陷，需用专用仪器设备进行鉴定（如零件表面微观裂纹，常用磁力探伤仪检测；转动零件的平衡，应用静平衡或动平衡试验仪进行检测等）。

②常用量具的结构和使用。

•直尺。又称“钢尺”，用于测量长度。其测量精度为 0.5 毫米，常用的直尺有 150 毫米、300 毫米、500 毫米、1000 毫米等规格。

•厚薄规。用来测量两个零件之间较小间隙尺寸。它由一组厚薄不等的钢片组成，每片厚度值都刻在上面，测量时可一片或几片组合使用。

•游标卡尺。用来测量外径、内径、长度、深度和孔距等。常用的游标卡尺有125毫米、150毫米、200毫米、300毫米等规格，测量精度有0.10毫米、0.05毫米、0.02毫米三种。

游标卡尺一般由一个带刻度的主尺，和一个可以在主尺上移动并有游标刻度的副尺组成。其结构如图1-4所示。

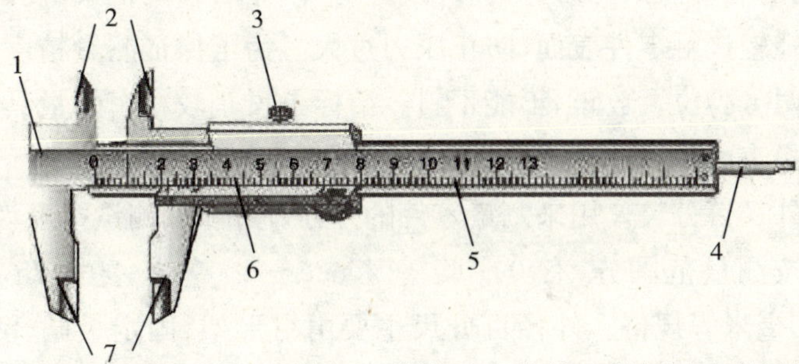

1.尺身；2.内测量爪；3.坚固螺钉；4.深度尺；5.主尺；6.游标尺；7.外测量爪

图1-4　游标卡尺

游标卡尺的使用方法如下（以精度为0.10毫米的游标卡尺为例）：

当游标卡尺上的活动卡脚与固定卡脚贴合时，游标卡上的“0”线对准主尺上的“0”线，此时两卡脚间距离为0毫米；当游标往右移动时，固定卡脚与活动卡脚之间的距离便是要测量的尺寸。精度为0.10毫米的游标卡尺，主尺上的刻线间距为1毫米，游标上的刻线间距为0.9毫米，主尺和游标上的刻线间距差值为1－0.9＝0.1毫米。测量零件时，其读数方法是：首先在主尺上读出游标“0”线左边的整数值，然后找出游标上与主尺刻线所对齐的那一条刻线，读出其小数值，整数和小数之和就是被测零件的尺寸。图1-5为精度0.10毫米游标卡尺的读法实例。

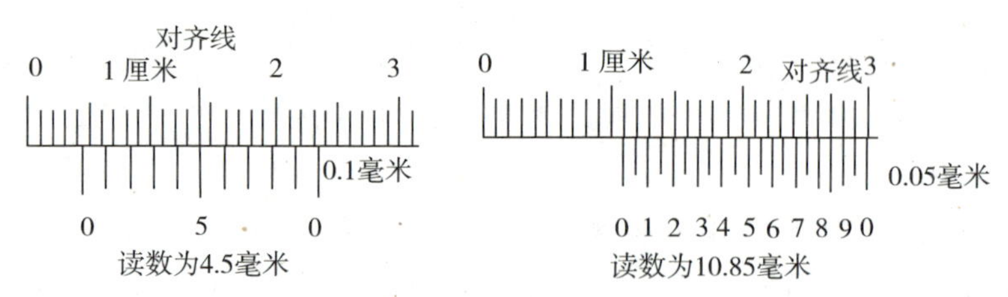

图 1-5　0.10 毫米游标卡尺所示的尺寸

游标卡尺使用注意事项：

首先应擦净卡尺和零件，当游标卡尺两脚接触时，两长脚间应无明显间隙，这时主尺与游标的"0"线应对齐，然后移动框架，使两卡脚测量面轻轻接触零件表面，防止压力过大。为了保证测量精度，测量时应将两卡脚位置放正，不能歪斜。游标卡尺是较精密的量具，不能用来测量表面粗糙的零件，更不能将游标卡尺当作卡钳使用。

• 外径百分尺。用来测量零件的外径、厚度，其测量精度为 0.01 毫米。按测量范围分，有 0～25 毫米、25～50 毫米、50～75 毫米、75～100毫米等规格。外径百分尺主要由弓形架、固定量砧、活动量杆、微分筒、棘轮机构等组成，其构造如图 1-6所示。

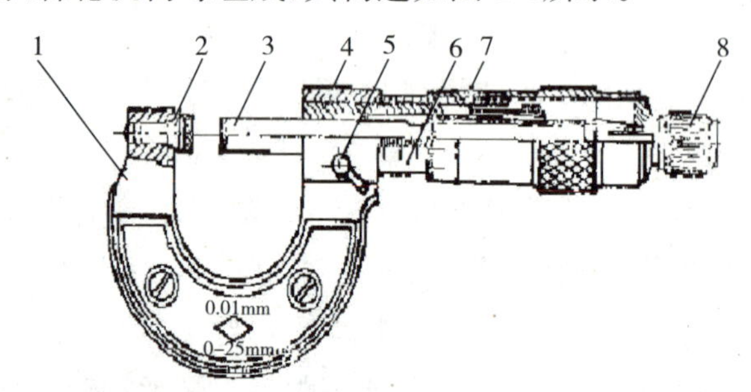

1. 弓形架；2. 固定量砧；3. 测量杆；4. 螺纹轴套；

5. 锁紧手柄；6. 固定套筒；7. 微分筒；8. 棘轮机构

图 1-6　外径百分尺

外径百分尺的读数机构由固定套筒和微分筒组成，一般外径百分尺读数机构的螺纹螺距为 0.5 毫米，微分筒每转一圈，在固定套筒上轴向移动 0.5 毫米，微分筒沿圆周有 50 条等距离刻线，所以微分

筒上每格刻度值为 0.5/50 ＝ 0.01 毫米。

外径百分尺使用注意事项：

首先应校正零位，除 0～25 毫米的外径百分尺外，各种规格的外径百分尺均有标准规，校正时先用软布将测量头及标准规擦净，然后将标准规准确地放在两测量头之间，两测量头与标准规接触时，微分筒上的“0”线应与固定套筒上基准中线相对准，否则应进行校正。测量零件时，外径百分尺应放正，不能偏斜，当百分尺测量头将要和零件接触时，应用棘轮装置转动测量杆，当听到“咔、咔”的响声时停止转动，将活动量杆锁紧，便可进行读数。读数时，应先读固定套筒上的尺寸，其横线下面刻线为整数值，横线上面刻线为相邻两刻线之半，然后再看微分筒上哪个刻线对准固定套筒上的横线，其上的数值便是 0.5 毫米以下的小数值，以上各值之和便是被测零件的尺寸。读法实例如图 1-7所示。

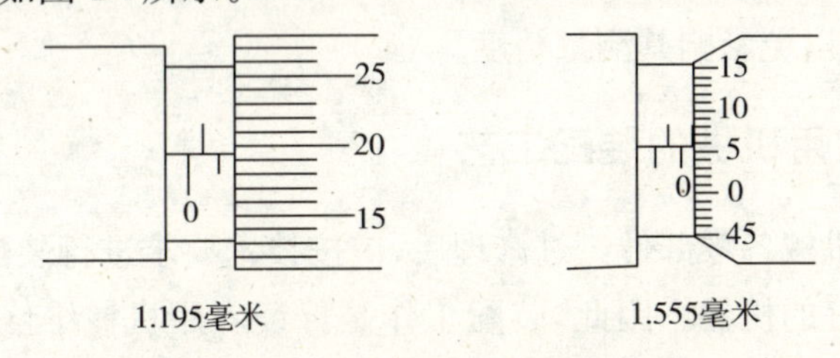

图 1-7　百分尺的读数方法

• 百分表。常用来测量零件的圆度、圆柱度、平行度、垂直度、径向跳动等误差值，精度多为 0.01 毫米。百分表主要由测杆、表壳、活动表面、长指针、短指针及齿轮传动装置等组成，其结构如图 1-8 所示。

当测杆向上或向下移动 1 毫米时，通过齿轮带动大指针转一圈，小指针转一格。大指针所对刻度盘沿圆周方向刻有 100 个等分刻度线，其每格为 1/100＝0.01 毫米；小指针所对刻线每格为 1 毫米，其所指刻度范围为百分表的测量范围。普通型百分表按其测量范围，分为5毫米、10毫米两种规格。

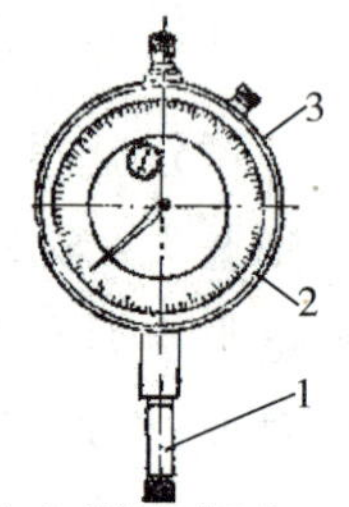

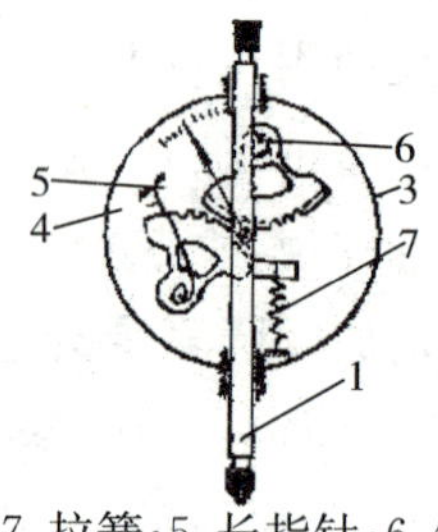

1. 测杆;2. 活动表面;3. 表壳;4、7. 拉簧;5. 长指针;6. 短指针

图 1-8　百分表

百分表使用注意事项:

百分表一般安装在支架上使用,为了保证测量的准确性,应使百分表测杆在接触零件时有1～2圈的预压量,然后转动活动表面,使长指针对"0"线,便可进行测量。测量时,应使百分表测杆垂直零件表面,同时防止百分表受震动、冲击,不要使百分表和带有磁性的物体相接近,以免影响其测量精度。

3. 农用机械的装配工艺

农用机械各零部件经过修理后,应按技术要求进行装配,使其成为一台完好的机器。因此,装配工作是保证农用机械维修质量的重要环节。

(1)装配的一般要求

①零件清洗。装配前应把零件清洗干净,在清洗后应用压缩空气吹净。

②零件检验。零件均应经过检验,质量不符合技术要求的不能装配。

③动配合件安装时,应在零件表面涂上润滑油,以减少机器运转初期的磨损。

④不能互换和错位的配合件,装配时应核对标记,按原标记装配,防止装错。

⑤按合理的装配顺序进行。采用合适的工具，防止乱敲猛打，以保证装配质量，提高装配效率。

⑥装配时，边装边检查，如发现不符合技术要求时，应及时加以修整。

(2)螺纹连接件的安装　农用机械上有大量的螺纹连接件，如气缸盖螺栓及螺母、连杆螺栓及螺母、飞轮紧固螺母、车轮紧固螺栓及螺母等。安装前应将螺纹表面清洗干净，螺纹部分应无明显损伤，螺杆无弯曲变形，一般螺纹配合应能用手拧进。安装时选用合适的扳手，并根据技术要求施加恰当的扭力。用普通扳手安装时，不能随意使用加长杆，以免用力过大将螺栓拧断。对有拧紧力矩要求的螺纹连接件，应使用扭力扳手。

螺纹连接件安装时应注意的事项：

①螺栓螺母方向性。

•双头螺栓。如气缸盖螺栓，这种螺栓一端螺纹长，另一端螺纹短。安装时，应该将螺纹较短的一端拧入气缸体，螺纹较长的一端用来安装螺母。有的双头螺栓一端为细牙螺纹，另一端为粗牙螺纹，粗牙螺纹安装在气缸体上，细牙螺纹安装气缸盖螺母。

•带圆台的螺母。如 S195 型柴油机的气缸盖固定螺母，安装时，应将螺母的圆台朝向气缸盖，使螺母的端面与气缸盖贴合良好。

•反牙螺纹。如机动车左侧车轮轮盘上的固定螺母，安装时拧动方向应该与一般螺母相反，即拧紧时逆时针方向用力，拆卸时顺时针方向用力。区分反牙螺纹的方法很简单：正面观察螺纹的走向，如果螺纹左高右低，是反牙螺纹；如果螺纹左低右高，是正牙螺纹。

•处于垂直方向的螺栓。应该尽量由上而下插入。

•处于水平方向的螺栓。一般应该从内向外安装，这样便于检查和发现螺栓是否松动。另外，机动车钢板弹簧上的钢板卡箍的固定螺栓，安装时螺栓头部应在里侧，螺母在外侧。

②螺栓的拧紧力矩。螺纹连接件的安装和拆卸一样，要使用合

适的工具，同时还要施加一定的拧紧力矩，用力过大会使螺栓折断，用力不足则固定不牢。表 1-2 为碳钢螺栓的标准拧紧力矩。

表 1-2　碳钢螺栓的标准拧紧力矩

螺栓尺寸(毫米)	M8	M10	M12	M14	M16	M18	M20	M22	M24
标准拧紧力矩(千顿·米)	1.0	3.0	3.5	5.3	8.5	12	19	23	27

③避免产生弯曲应力。安装螺纹连接件时，一定要注意第一扣的连接，安装时要对正第一扣螺纹，缓慢拧入，不能硬拧，否则容易造成连接件的折断。安装前最好检查螺母、垫圈的厚度是否均匀，接触面是否清洁等。

④螺栓组的装配。对于螺栓组的装配要施力均匀，如安装气缸盖拧紧缸盖螺栓时，应从中间向两边分 3 次拧，遵循交叉对称、由里向外的原则，将气缸盖螺母拧到规定力矩，以避免气缸盖翘曲变形而发生漏气、漏水故障，如图 1-9所示。

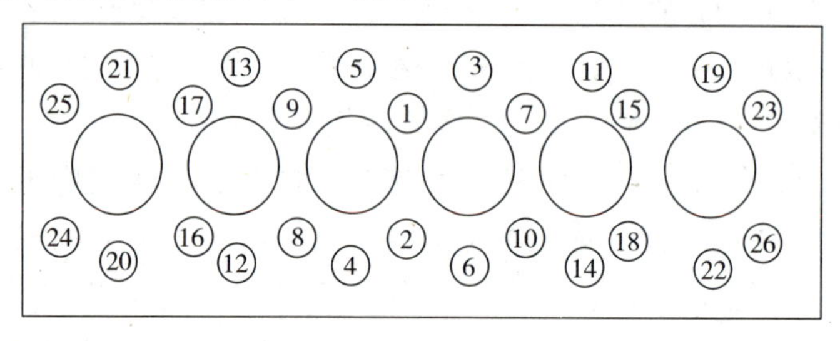

图 1-9　6 缸柴油机气缸盖螺栓拧紧顺序示意图

⑤弹簧垫圈、开口销、止动垫圈和串联钢丝的使用。安装螺纹时，为了防止松动，还必须合理使用弹簧垫圈、开口销、止动垫圈和串联钢丝等。

弹簧垫圈一般放在螺母下面(如图 1-10)，当拧紧螺母时，弹簧垫圈受压，由于垫圈的弹性作用而压紧螺母，从而防止螺母松动。

安装开口销时，应将开口销头部下沉到螺母的沟槽中，其尾端沿

螺栓中心分开，一端贴在螺栓上，另一端贴在螺母上（如图 1-11）。

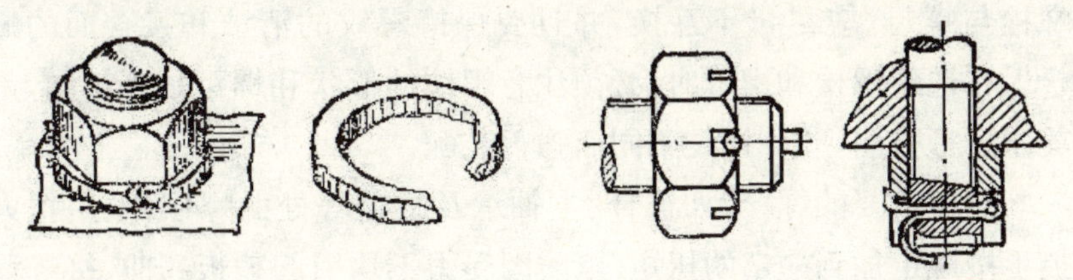

图 1-10　用弹簧垫圈防松　　　　图 1-11　用开口销防松

止动垫圈装在螺母下面，螺母拧紧后，将垫圈的凸耳折弯，一个凸耳紧贴螺母，另一个凸耳紧贴零件（如图 1-12），这样便可起到防松作用。

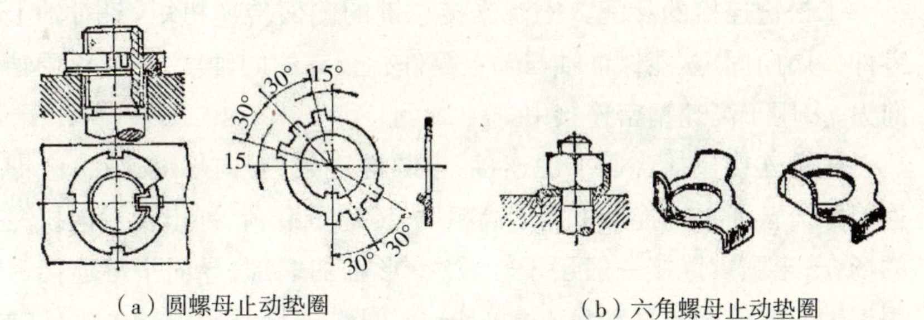

（a）圆螺母止动垫圈　　　　（b）六角螺母止动垫圈

图 1-12　用止动垫圈防松

安装串联钢丝时，应注意钢丝的穿线方向（如图 1-13），当螺栓或螺母松动时，应拉紧钢丝，否则不起作用。

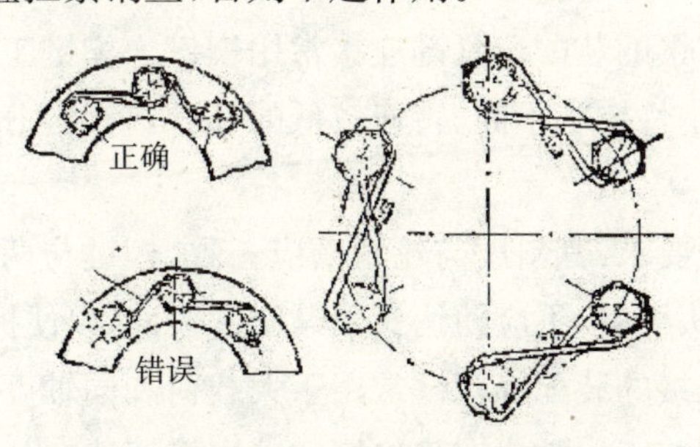

图 1-13　串联钢丝防松

⑥其他注意事项。对于重要的连接，如主轴承与连杆轴承处的螺栓与螺母，应尽量不互换，并且要保持螺纹的清洁和接合面的贴合。在选配螺栓和螺母时，必须注意螺纹的形状和螺距是否相同，是英制还是公制，防止螺纹不同而强行装配。

对于重要的螺栓，如连杆、主轴承及缸盖等处的螺栓，须用扭力扳手按规定加到一定的扭矩，以防因受力不均引起盖板翘曲、接缝漏气或螺纹折断。

(3)键的安装 键是用于轴向固定和传递扭矩的一种机械零件。根据其结构特点和用途不同，可分为松键连接、紧键连接和花键连接三种。

①松键连接的装配。松键连接靠键的侧面传递扭矩，只对轴上零件做周向固定，能保证轴与轴上零件有较高的同轴度，不能承受轴向力，多用于高速精密连接中。

松键连接包括普通平键连接、半圆键连接、导向平键连接、滑键连接等。普通平键连接常用于高精度、传递重载荷、冲击及双向扭矩的场合；半圆键连接一般用于轻载、锥形轴的端部；导向平键连接常用于轴上零件轴向移动量不大的场合；滑键连接常用于轴上零件轴向移动量较大的场合。

松键连接装配要求：键与键槽应有较小的表面粗糙度，装入后，键应紧贴键槽底，键长方向与轴槽有 0.1 毫米间隙，顶面与轮毂槽间有 0.3～0.5 毫米的间隙。

②紧键连接的装配。紧键连接常用楔键。楔键工作面为上下两面，多用于对中性要求不高、转速较低的场合。楔键分为普通楔键和钩头楔键。

楔键装配要求：其斜度与轮毂槽应一致，楔键与两侧面要留一定间隙；对于钩头楔键，不应使钩头紧贴套件表面，以便拆卸。

③花键连接的装配。花键常用于大载荷和同轴度要求较高的连接。花键连接按工作方式有静连接和动连接两种。

花键装配要求：对静连接花键，过盈量较大时，应将套间加热到80～120℃后进行热装；而动连接花键，因套件在花键轴上可以自由滑动，所以，没有阻滞现象。

键磨损或损坏，应更换新键；轴与轮上键槽损坏，用锉削或铣削方法将槽加宽，配置新键；对大型花键轴的磨损，可镀铬或堆焊，然后修复。

(4)轴承的安装　轴承安装的好坏，将影响到轴承的精度、寿命和性能。其安装方法应根据轴承结构、尺寸大小和轴承部件的配合性质而定。

①压入配合。当轴承内圈与轴紧配合，外圈与轴承座孔松配合时，可用压力机将轴承先压装在轴上，然后将轴连同轴承一起装入轴承座孔内。压装时，在轴承内侧端面上，垫一个由软金属材料（铜或铝）做的装配套管，装配套管的内径应比轴颈直径略大，外径应比轴承内侧挡边略小，以免压在保持架上。

当轴承外圈与轴承孔紧配合，内侧与轴为松配合时，可将轴承先压入轴承座孔内，这时装配套管的外径应略小于座孔的直径。

当轴承套圈与轴及座孔都是紧配合时，安装时内圈与外圈要同时压入轴和座孔，装配套管的结构应能同时压紧轴承内圈和外圈的端面。

②加热配合。加热配合是通过加热轴承或轴承座，利用热膨胀将紧配合转变为松配合的安装方法。适用于过盈量较大的轴承安装。热装前，应把轴承或可分离型轴承的套圈放入油箱中均匀加热到80～100℃，然后取出尽快装到轴上。对轴承外圈与轻金属制的轴承座的紧配合，也采用此法。

注意：用油箱加热轴承时，在距箱底一定距离处应有一网圈，或用钩子吊着轴承，以防杂物进入轴承或不均匀加热。油箱中必须有温度计，严格控制油温不得超过100℃，以防发生回火效应，使套圈硬度降低。

③圆锥孔轴承的安装。圆锥孔轴承可以直接装在有锥度的轴颈上，或装在紧定套和退卸套的锥面上，其配合的松紧程度可用轴承径向游隙减小量来衡量。因此，安装前应测量轴承径向游隙，安装过程中应经常测量游隙，以达到所需要的游隙减小量为止。安装一般采用锁紧螺母安装，也可采用加热安装的方法。

④推力轴承的安装。推力轴承内侧与轴的配合一般为过渡配合，座圈与轴承孔的配合一般为间隙配合。其安装方法如图 1-14 所示。

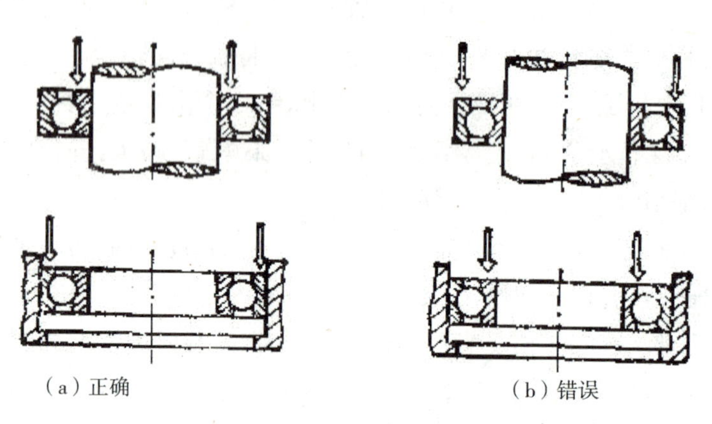

图 1-14　轴承的安装

(5)带传动与链传动的安装　带传动和链传动都是通过环形挠性元件在两个或多个传动轮之间传递运动和动力的挠性传动，适用于两轴中心距较大的场合。带传动一般由主动轮、从动轮、传动带和机架等组成，靠带与带轮间摩擦力传递动力；链传动一般由两轴平行的大、小链轮和链条组成，靠链轮与链条间啮合来传递动力。

带传动和链传动安装注意事项：

①保证链轮或皮带轮在轴上固定可靠，轴心线应平行并尽量减少其在轴上的径向跳动量；安装后可用百分表或划线针进行检查，其

径向、轴向跳动量允许值应不超过表 1-3 所规定的数值。

表 1-3　链轮、皮带轮的允许跳动量　　　　单位:毫米

链轮、皮带轮直径	套筒滚子链链轮允许跳动量		钩形链链轮、三角带轮允许跳动量	
	径向	轴向	径向	轴向
100 以下	0.25	0.3	0.5	0.5
100～200	0.5	0.5	1.0	1.0
200～300	0.75	0.8	1.5	1.5
300～400	1.0	1.0	2.0	2.0
400 以上	1.2	1.5	2.5	3.0

②同一传动副的链轮或皮带轮安装后,应调整到同一平面,以避免脱链和不正常的磨损。

③链条或皮带传动装置安装以后,应调整其松紧度。常用经验法进行检查,方法是在两皮带轮中间用大拇指向下按,能按下 15 毫米左右为宜;链条传动安装应进行下垂量检查,一般在水平或略有倾斜的传动中,其下垂量应为中心距的 2%左右,倾斜度增大时还要适当减小下垂量。链条下垂量检查方法,如图 1-15所示。

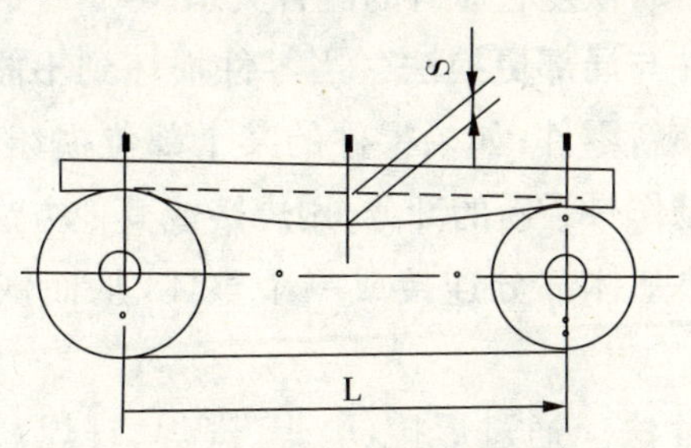

图 1-15　检查链条的下垂量

④使用中,带传动应禁止与矿物油、酸、碱等介质接触,以避免腐蚀带;链传动应避免泥砂等污物侵入,不能与酸、碱、盐等强腐蚀性介质接触,要定期清洗;同时要保证良好的润滑,一般低速的链传动可

每隔20小时左右人工添加润滑油一次，速度较高的可用定期浸油润滑或滴油连续润滑的方式。常用的润滑油牌号有HJ20、HJ30、HJ40。

4. 农用机械零件的修理方法

农用机械的零件达到磨损极限时应根据损伤情况、技术要求，选择合理的维修方法进行修理，以恢复其使用性能。目前常用的修理方法有下列几种：

(1)调整法 利用农用机械配合件上所具备的结构条件，进行适当调整，可恢复其使用性能。如圆盘耙，可利用专门的角度调节机构来调节各组圆盘的偏角，从而改善其碎土性能。

(2)修理尺寸法 对损坏的零件进行整修，使其几何形状、尺寸发生改变，同时配以相应改变了的配件，以达到所规定的配合技术参数。如东方红75(54)拖拉机的气缸磨损后，可以按修理尺寸镗磨直径加大0.25毫米、0.5毫米、0.75毫米、1.0毫米或1.25毫米，同时配用相应加大尺寸的活塞和活塞环等。

(3)附加零件法 用一个特别的零件装配到零件磨损的部位上，以补偿零件的磨损，恢复它原有的配合关系。

(4)更换零件与局部更换法 当零件损坏到不能修复或修复成本太高时，应更换新零件；如果零件的某个部位损坏严重，可将损坏部分去掉，重新制作一个新的部分，用焊接或其他方法使新换上的部分与原有零件的基体部分连接成一个整体，从而恢复零件的工作能力。

(5)恢复尺寸法 通过焊接(电焊、气焊、钎焊)、电镀、喷镀、胶补、锻、压、车、钳、热处理等方法，将损坏的零件恢复到技术要求规定的外形尺寸和性能。采用此方法要考虑经济效益，一般修复零件的费用约为原价格的5%～50%。

注意：不能破坏零件的形位精度；不能降低零件表面的硬度和耐

磨性；不能使零件基体金属组织发生变化和产生残余力；不能影响零件修复后的加工。

三、农用机械常用修复工艺

1. 焊接修复

焊接是农用机械零件修复中普遍使用的一种修复工艺，它具有设备简单、操作方便、接缝强度高、修理成本低等优点。焊接方法有气焊和电弧焊两种，它们均是在磨损的零件上堆焊一层金属，或将断裂的零件焊接起来，以恢复其技术状态。修理时应根据所焊零件的材料、构造特点选择用气焊还是电弧焊。

气焊适合焊修薄的金属零件(厚度小于 3 毫米)，用于对有色金属零件的焊修。但气焊热影响范围大，需用氧气和乙炔，焊修成本较高；电弧焊修理成本低，易于操作，在农业机械零件的修理中应用较多。

(1)钢零件的焊修　钢材是农用机械零件使用最普遍的材料，如轴、齿轮等。由于材料中含碳量及其他合金元素的含量不同，其可焊性差异很大。

一般低碳钢及强度较低的普通低合金钢，具有良好的可焊性，施焊时一般不需要采取特殊措施便可得到满意的效果。

而中碳钢、高碳钢及强度较高的合金钢，焊后易产生裂纹，因此对这些材料的零件焊接，焊前一般应进行适当预热，以降低热影响区的淬硬倾向和温差。一般 35 号和 45 号钢零件的预热温度为 150～250℃，应选用较小直径的焊条和焊接电流，采用分段或多层焊。在施焊过程中，用小锤轻敲焊缝金属表面，以减少残余应力，防止产生裂纹。

对高碳钢和含碳量较高的合金钢，焊前一般应进行退火，并预热到 300～500℃；焊后进行高温回火，以消除应力，稳定组织，防止出现裂纹，提高焊缝的机械性能。

(2)铸铁零件的焊修 铸铁也是农用机械常用材料，如各种壳体、链轮等。这些零件在使用中产生磨损、裂纹等缺陷后，可用铸铁焊的方法进行修理。目前铸铁零件常用的焊修方法有以下几种：

①热焊法。焊前先将零件均匀预热到600～650℃，然后施焊，一般多用气焊。

②加热减应焊。在施焊过程中，对零件适当部位进行加热(一般加热到600～700℃)，以适应焊缝热胀冷缩的变化，减少内应力，避免产生裂纹。被加热的部位称为“加热减应区”。加热减应区一般选择在施焊时能阻碍焊缝热胀冷缩的部位，可选一处或多处。图1-16所示是铸铁皮带轮轮辐出现裂纹时，加热减应区选择的部位。

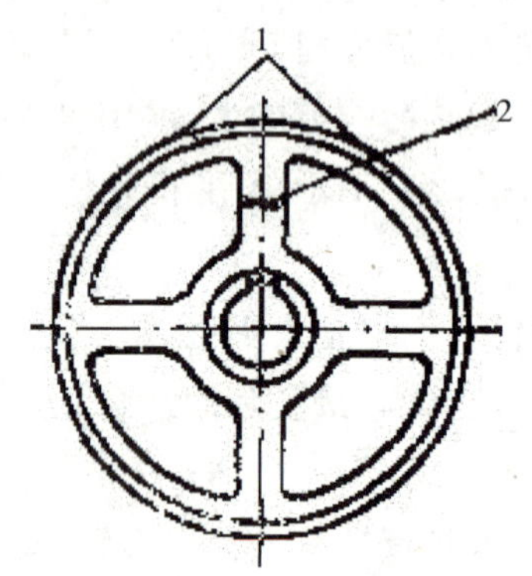

1. 加热减应区；2. 裂纹

图1-16 焊修皮带轮时加热减应区选择

加热减应焊一般采用气焊，为使焊缝得到灰口组织，选择用含硅成分较高的铸铁焊条，目前多用QHT-1及QHT-2两种铸铁焊条。

③电弧冷焊法。焊前对零件不预热或预热温度低于400℃。为了防止焊缝产生白口和裂纹，焊条一般多选择有色金属焊条，如镍基焊条、高矾焊条、钢铁焊条等。在工艺上采用小电流、分段、断续焊，焊后立即用小锤轻轻敲击焊缝，以减小内应力和防止出现裂纹。表1-4所示是几种常用焊条施焊时所用电流值。

表 1-4　电弧冷焊时电流的选择　　　　单位:安培

焊条种类	统一牌号	焊条直径(毫米)			
		2.0	2.5	3.0~3.2	4.0
镍基焊条	铸 308		65~90	80~110	90~125
	铸 408		60~80	70~110	100~130
	铸 508		65~90	90~120	100~125
高钒焊条	铸 116 铸 117	40~45	50~65	90~95	100~125
钢铁焊条	铸 607		90	90~110	
	铸 612		100	100~120	

(3)氧气乙炔焰喷焊　氧气乙炔焰喷焊是用氧气乙炔火焰作热源,将特制的合金粉末加热,并喷撒在已准备好的零件表面上,然后再经过加热重熔处理,使合金与零件基体形成冶金结合的喷焊层。喷焊层的厚度可根据需要,控制在 0.1~1.5 毫米之间。

氧气乙炔焰喷焊所用设备简单,只需要普通的气焊设备和一种特制的喷枪(如图 1-17),使用方便。但喷焊所用合金粉末较贵,对焊件的热影响也较大。

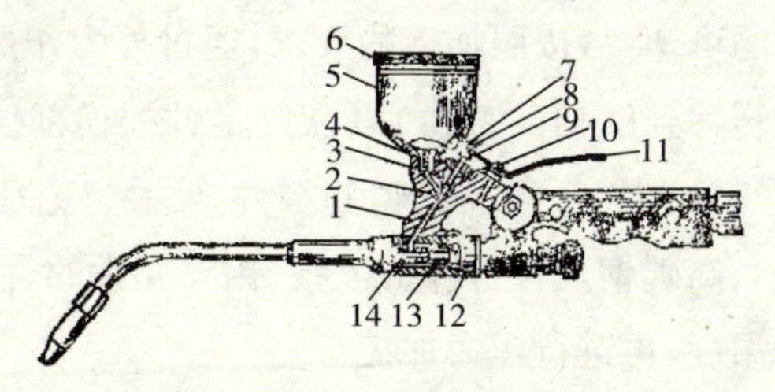

1. 料斗支架;2. 胶管;3. 弹簧;4. 接头;5. 料斗;6. 料斗盖;7. 螺杆;8. 螺母;9. 弹簧座;10. 垫圈;11. 手柄;12. 连接套;13. 汇合管;14. 喷嘴

图 1-17　氧气乙炔焰喷焊枪

2. 机械加工修复

机械加工是农用机械零件损伤后最基本的修复方法。许多损伤

的零件，都可用机械加工的方法加以修复，如修理尺寸法、附加零件法等。用机械加工的方法修复损伤的零件，首先应了解被加工零件的材料和热处理情况，然后选择正确的定位基准，以保证零件加工的精度。

轴类零件加工，应先对轴进行检查和校正，然后检查和修整顶尖孔。当顶尖孔仅有轻微损伤时，可将零件顶住车床主轴和尾座顶尖上，挤压片刻即可。对损伤严重的顶尖孔，应进行车削或堆焊后车削。为了保证顶尖孔加工的准确性，应将零件的一端夹在车床的卡盘上，另一端用中心架架好，以轴上未磨损或磨损较少的部位为基准，用百分表找到中心后便可钻中心孔。加工轴类零件时除应保证尺寸、形状精度外，还应特别注意相互位置的精度。

壳体零件加工，应先进行检查和修整原定位平面，通常应以壳体中关键轴线为基准，修整定位平面后再进行加工。

为保证零件的使用寿命，要求机械加工修理后的零件表面应达到和新零件相同的表面粗糙度和精度。

3.压力加工修复

利用金属的可塑性，按照加工的要求，通过外力作用把零件未磨损部位的金属转移到磨损的部位，以恢复零件损伤部位的尺寸和形状。对可塑性好的有色金属及低碳钢零件，常在冷态下进行夺压力加工；对中碳钢、高碳钢及含有镍、锰、铬、钼等元素的合金钢零件，需要加热到可锻温度，再进行压力加工。

常用的压力加工修复方法有：

(1)镦压法 将压力的作用方向和零件变形方向相垂直，镦压后使零件的高度减小，增加零件的外径尺寸或减小空心内径的尺寸。镦压法常用来修复内径或外径磨损的有色金属衬套。图1-18所示是镦压连杆小端铜套用的压摸。

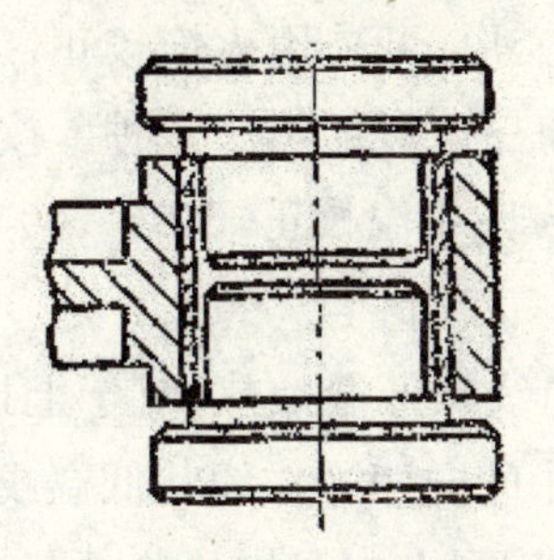

图 1-18　镦压法修复连杆小端铜套

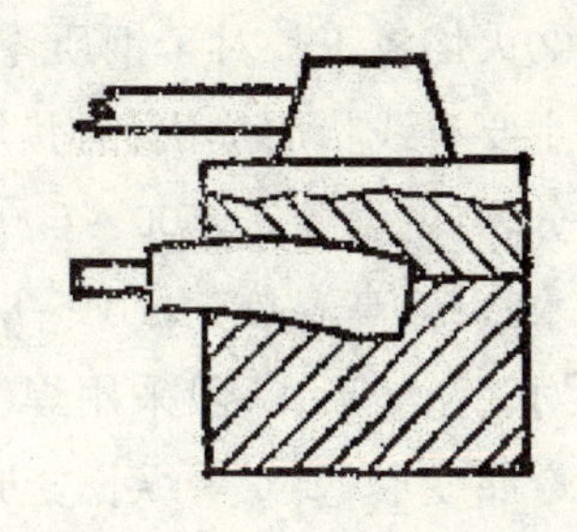

图 1-19　钉齿模锻

(2)压延法　把零件非工作部位的金属，压延到工作部位，从而增加零件工作部位的尺寸。一般将零件加热后放在专用模具内，再锻压成型。图 1-19所示是脱粒机滚筒钉齿压延修复的模具。其方法是先将钉齿加热到 1000℃左右，然后放入模具内锻压成型。

(3)校正法　对产生弯曲、扭曲和翘曲变形的机械零件，可用校正法修复，常用的校正法有压力校正和火焰校正两种。

①压力校正法。用外力使零件产生反变形，将零件校正。压力校正一般在冷态下进行，当零件变形量较大或零件塑性差时，需在热态下进行。轴弯曲变形的校正方法是先将零件支承在 V 型铁架上，使弯曲凸起朝上，然后用压力机在轴上缓慢施加压力(如图 1-20)。

零件冷态校正后，会产生内应力，使变形不稳定，在使用中仍容易弯曲，因此冷态校正后，应对零件进行热处理。对表面淬硬的零件进行热处理时，应将零件加热到 200～250℃，保温 5～6 小时。

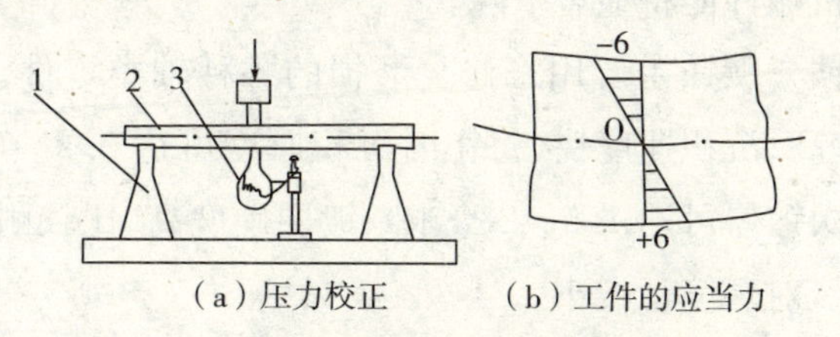

(a) 压力校正　　(b) 工件的应当力

1. V形块；2. 轴；3. 百分表

图 1-20　零件的校正

②火焰校正。对于钢质零件焊后变形，可采用火焰校正。火焰校正主要有线状加热法、点状加热法和三角形加热法三种。按加热温度分，有低温校正，500～600℃，水冷却；中温校正，600～700℃，空气和水冷却；高温校正，700～800℃，空气冷却。

对于角变形，一般采用焊缝外纵向线状低温加热；对于上拱、下挠及弯曲变形，要对着纵长变形处，由中间向两端作线状低温或中温加热；对于波浪变形，找出凸起的波峰，用圆点中温加热法，同时配合手锤校正。

注意：火焰校正时加热温度不宜过高，否则会增加金属脆性，影响零件冲击韧性；烤火位置不得在最大应力截面附近，且面积不得过大。

4.电镀修复

电镀修复是借助电能和化学方法，在金属或非金属零件表面获取金属覆盖层的一种工艺。用于恢复磨损零件的尺寸和改善零件的表面性能。常见的有镀铬、镀铁、镀铜、镀锌等。

(1)镀铬　镀铬多用来修复磨损量不大的精密零件。镀铬具有镀层硬度高、耐磨性好、耐热、耐腐蚀、镀层与基体金属结合牢等优点；但镀铬电流效率低，沉积速度慢（每小时沉积厚度不超过0.03毫米），镀层薄（一般厚度宜控制在0.1～0.3毫米）。当厚度超过0.4毫米时，其机械性能将显著下降。

(2)镀铁　镀铁主要用来修复磨损的各种轴类零件。镀铁工艺有电流效率高、沉积速度快（每小时沉积厚度可达0.2～0.3毫米）、镀层厚（一次镀厚可达1.5～2毫米）、镀层硬度高、比较耐磨等优点。另外成本低，对环境污染小。

(3)镀铜　镀铜主要用于装饰品的表面覆盖。

(4)镀锌　镀锌主要用于防止钢铁的腐蚀和装饰。镀锌溶液有

氰化物镀液和无氰镀液两类。氰化物镀液分微氰、低氰、中氰和高氰四类。无氰镀液有碱性锌酸盐镀液、铵盐镀液、硫酸盐镀液及无氨氯化物镀液等。氰化镀锌溶液均镀能力好，得到的镀层光滑细致，在生产中被长期采用。但由于氰化物属剧毒，对环境污染严重，所以近年来已趋向于采用低氰、微氰、无氰镀锌溶液。

(5)刷镀　刷镀是利用电解液中的金属离子在阴极上放电结晶形成镀层的原理进行修复。即用浸满电解液的笔刷，在零件表面上刷涂。

5.胶接修复

胶接是利用胶黏剂把各种材料连接起来的一种工艺，主要用来修复零件的裂纹、破洞，恢复磨损零件的尺寸和配合等。

胶接所用的胶黏剂种类很多，可分为有机胶黏剂和无机胶黏剂两大类。常用的有机胶黏剂是环氧树脂胶黏剂，无机胶黏剂为磷酸一氧化铜胶黏剂。

(1)环氧树脂胶黏剂　环氧树脂胶黏剂的主要成分是环氧树脂和固化剂，以及一定数量的增塑剂、填料和稀释剂等。常用的环氧树脂牌号及性能见表 1-4。

表 1-4　几种常用的环氧树脂

型号		黏度（厘泊）	软化点（℃）	环氧值（当量/100 克）	主要特点用途	外观
部颁统一牌号	原产品牌号					
	C16 (8828)	6000～8000	25	0.52～0.54	适于各种材料胶接密封和浇注	浅黄色黏稠液体
E-51	618	≤2500	40	0.48～0.54	适于各种材料胶接密封和浇注，黏度低、工艺好	浅黄色至黄色高黏度透明液体

续表

型号		黏度（厘泊）	软化点（℃）	环氧值（当量/100克）	主要特点用途	外观
部颁统一牌号	原产品牌号					
E-50	619	≤2500	40	0.48～0.52	适于各种材料胶接密封和浇注，黏度比E-51略高，成本低	浅黄色至黄色高黏度透明液体
E-44	6101		10—20	0.41～0.47		浅黄色至琥珀色高黏度液体
E-42	634		21—27	0.38～0.45	适于各种材料胶接密封和浇注，黏度比E-51略高，成本低	浅黄色至琥珀色高黏度液体
E-33	637		20—35	0.28～0.38		
E-20	601		64—76	0.18～0.22	适于各种材料胶接密封和浇注。黏度比E-51略高，成本低，黏接强度较高	浅黄色至琥珀色透明固体
E-12	604		85～89	0.09—0.15		

环氧树脂胶黏剂的胶接工艺如下：

①胶接表面的准备。先用柴油或汽油进行初步清洗，然后用锉刀、钢丝刷或砂布、砂轮等去除锈层，再用丙酮或酒精进一步除油清洗。当修复的零件有裂纹或破洞时，应在裂纹两端先钻上止裂孔，并在裂纹处开坡口。

②胶黏剂的选择。根据零件的材料、受力情况、温度、外形尺寸等对照选择不同性能的胶黏剂。常用成品胶黏剂的性能见表1-5。

③涂胶。胶黏剂调制好后，应立即进行涂胶，胶层的厚度一般控制在0.1～0.2毫米。涂胶的方法应根据胶黏剂的状态进行选择，常用的方法有涂抹、刷涂、喷涂等。

表 1-5　常用成品胶黏剂特点及适用范围

型号	特点	固化条件	适用范围
农机Ⅰ号，Ⅱ号胶	通用型，胶接强度较高，密封性好，耐水耐油耐腐蚀	60℃ 1 小时；室温 24 小时	适于温度低于 120℃，冲击震动大的金属、玻璃、陶瓷、木材、胶木等胶接修复
KH-520	通用型，固化温度低	8～15℃ 24 小时	适于温度低于 60℃，受力不大的金属、陶瓷、硬塑料和各种非金属的胶接修复
914	通用型，常温固化快，胶接强度较高，耐热耐水耐油，冲击性好	室温(25℃) 3～5 小时	适于温度在 60℃左右的金属及大部非金属材料的小面积快速胶接修复不适于聚氯乙烯、有机玻璃等胶接
J-04	中等强度胶黏剂，耐高温耐老化耐磨，有较好弹性	160～170℃ 2 小时	适于温度为 60～250℃受力不大机件胶接修复，特别适于胶接离合器摩擦片和制动片，添加二硫化钼等可作磨损尺寸的恢复用胶
KH-508	韧性好，耐水耐油，耐老化	180℃ 2 小时	适于温度为 60～200℃的各种轴类、轴瓦、泵类壳体的尺寸恢复以及离合器摩擦片胶接
J-19	胶接强度高，韧性好，耐热性好	180℃3 小时	适于受力较大机件的胶接修复
KH-802	胶接强度高，韧性好	150℃3 小时或 170℃1 小时	适于受力较大机件的胶接修复
Y-150	不含有机溶液，渗润性好，毒性小	室温（25℃）24 小时	专用于密封、防漏雨、防松

④固化。即将黏合面黏合起来并进行固化。黏合的时间应根据胶黏剂的种类来确定，对含有较多稀释剂的胶黏剂，涂胶后应放置10～20分钟，等稀释剂挥发后再进行黏合；黏合后的固化应在一定压力、温度条件下进行，应根据胶黏剂的要求，按说明书的规定进行。

(2)磷酸－氧化铜胶黏剂　这种胶黏剂具有较高的耐热性能

（600～900℃），较好的黏接性能，工艺简单，成本低，但胶层性脆，耐冲击力差。常用来胶接承受冲击载荷不大而工作温度较高的零件。

磷酸一氧化铜胶黏剂是两组份的，一组是氧化铜粉末，另一组是磷酸铝溶液。使用时应将氧化铜和磷酸铝按一定比例配制，其配合比（克/毫升）一般取 3.5～4.5，一般夏季取小些，冬季取大些。先将氧化铜粉末放在铜板上，中间空出一个凹坑，然后倒入磷酸铝溶液，用钢棒调和均匀。

磷酸一氧化铜胶黏剂的固化可在室温条件下进行，时间需要 24 小时以上。为缩短固化时间，可先在室温下放置 1～2 小时，再加温至60～80℃，保温 3～5 小时。

6. 金属喷涂修复

金属喷涂是利用热源将金属丝熔化，用压缩空气将其吹散成细小的金属颗粒，并以很高的速度喷射到零件表面上，形成金属喷涂层。用电弧将金属丝熔化称为“电喷涂”；用氧气乙炔焰将金属丝熔化，称为“气喷涂”。目前应用最为广泛的是电喷涂，电喷涂的工作原理如图 1-21所示。

喷涂层的硬度一般比原金属丝的硬度高 30%～80%，喷涂层还具有多孔性，能很好地吸附和储存润滑油。金属喷涂修复的零件在使用中容易形成润滑油膜，有很高的耐磨性。但由于金属喷涂层的机械强度与零件的结合强度较低，不能增加零件的机械强度，因此只有在零件本身具有足够高的机械强度时，才能采用金属喷涂法来修复。金属喷涂只适合修复在液体摩擦条件下工作的轴类零件。

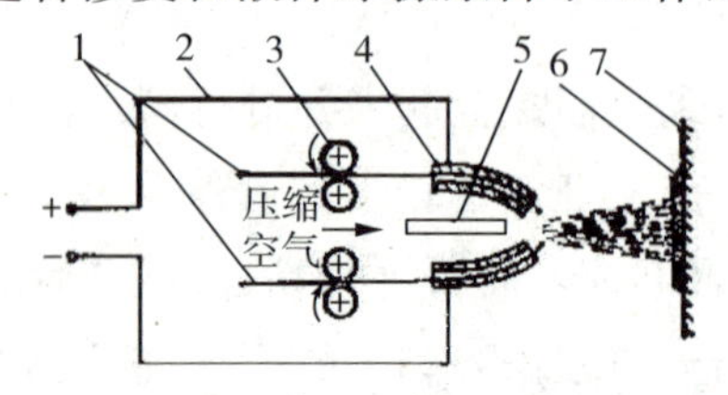

1. 金属丝；2. 导线；3. 送丝滚轮；4. 导管；5. 气喷嘴；6. 喷涂层；7. 零件

图 1-21　电喷涂工作原理

四、农用机械的保养和保管

为了使机器经常保持良好的技术状态，农机管理部门采取带有强制性的维护措施，以减缓其技术状态的恶化进度，预防故障的发生，延长其使用寿命。采用的措施包括：机器试运转、技术保养和科学保管等。

1. 农用机械的技术保养

技术保养是定期对机器进行系统的除尘、检查、润滑、调整及更换某些零件等作业。技术保养分为作业班保养和定期保养两种。

(1)作业班保养　作业班保养一般和拖拉机保养同时进行，在每个工作班开始工作或结束工作时进行。其内容包括：

①清除污垢、泥土和缠在工作部件上的杂草。

②检查工作部件的技术状态和各部件安装是否正确，必要时加以调整。

③检查并紧固连接部件，按润滑表的数据要求润滑各部位。

(2)定期保养。定期保养分为两种情况：作业期短的可在阶段作业前后结合机器检修、调整进行；作业期长的可在完成一定工作量或工作小时后进行。

2. 农用机械的保管

农用机械通用性差，受季节性的限制，每年的工作时间较短，而停放保管时间较长。以长江流域双熟制地区为例：各种农业机械一年中不参加生产的时间为：犁 140～180 天、圆盘耙 140～160 天、播种机 280～320 天。因此对农业机械的科学保管，是保证农业机械使用寿命的关键。

农用机械在保管期间产生损坏的原因主要有锈蚀、变形、老化、腐烂、发霉等。保管方法有遮蔽式（即机棚、机库、仓库）保管和露天式保管。当机器需长期存放保管，尤其是一些复杂的机器（如谷物收割机、清洗机等），应尽量采用遮蔽式保管。当采用露天保管时，应将容易被氧化的零件（如电器设备、橡胶皮带等）拆下，放在仓库内保管，并采取必要的防护措施。

①防锈。应尽量在室内保管；在金属零件表面涂防锈剂，常用的防锈剂有油漆、石蜡油或废机油等。涂上一层防锈剂后，再盖一张旧纸，效果更好。

②防变形。不要在机架上堆放过重的物品，支垫要平整，零部件应尽可能解除受力状态。如把弹簧放松、传动皮带卸下、轮胎支离地面等。

③防老化。对橡胶制品件应遮盖起来，防止日光曝晒；可在有些橡胶零件上涂石蜡，最好的办法是保管在干燥、阴凉、通风良好，且不受阳光直射的仓库内（温度应保持在－10～10℃，相对湿度为60％～80％）。

④防腐。对木制品零件，可在其上涂油漆；对纺织品零件，则将其清洗晒干后，放入仓库保管，以防腐烂发霉。

第二章
农用动力机械使用与维修

农业生产中使用的主要动力机械是拖拉机，它能为多种农机具提供动力。如与挂车连接，可用于农产品运输；与相应的农机具连接，可进行耕地、整地、播种、施肥和收割等田间作业，还可进行灌溉、脱粒、发电、农副产品加工等作业。

拖拉机类型较多，按结构不同，可分为轮式拖拉机和履带式拖拉机；按配置发动机功率大小不同，可分为小型拖拉机（功率小于 18.4 千瓦）、中型拖拉机（功率为 18.4～36.75 千瓦）和大型拖拉机（功率大于 36.75 千瓦）；按用途不同，可分为一般用途拖拉机（如用于田间耕地、耙地、播种、收割等作业）和特殊用途拖拉机（如用于中耕、棉田高地等作业）。现以轮式拖拉机为例，介绍其基本结构、操作使用和维护保养等方面的知识。

一、拖拉机的基本结构

拖拉机可以拖带各种农机具进行耕地、整地、播种、施肥、喷药、收获等田间作业，还能用于抽水、脱粒、农产品加工等固定作业和农业运输。

拖拉机可以分为轮式和履带式两类，轮式拖拉机又有两轮和四轮之分。习惯上将两轮拖拉机称为“手扶拖拉机”。

轮式拖拉机是一种移动式的农业动力机械，主要由发动机、传动系统、行走系统、操纵机构、工作装置和电气设备等组成，其结构简图如图 2-1所示。

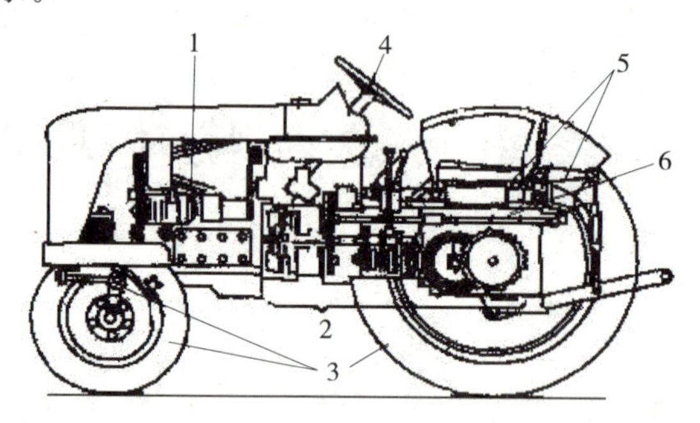

1.发动机;2.传动系统;3.行走系统;4.转向系统;5.液压悬挂系统;6.动力输出轴

图 2-1　轮式拖拉机结构简图

1.发动机

发动机是拖拉机的动力源,拖拉机一般使用柴油发动机。

(1)柴油发动机基本构造　柴油发动机一般由机体、曲柄连杆机构、配气机构、燃油供给系统、润滑系统、冷却系统和启动系统组成。

机体和曲柄连杆机构由机体缸盖组、活塞连杆组、曲轴飞轮组等组成,其作用是把活塞的往复运动转化为曲轴的旋转运动,实现工作循环,进行能量转换,向外输出动力。

配气机构由气门组、气门传动组和气门驱动组等组成,其作用是按照各汽缸的工作次序适时开启、关闭进气门和排气门,完成换气过程。

柴油机的供给系统由燃油供给、空气供给与废气排出三部分组成,其功用是根据柴油机的工作要求,将空气和定量的清洁柴油适时地送入汽缸,并使其迅速而良好地混合燃烧。

润滑系统的功用是将机油不断送到各零件的摩擦表面进行润滑,以减少零件的磨损。

冷却系统的功用是及时、适量地带走高温零件的热量,保持发动机在适宜的温度范围内工作。

启动系统的功用是使发动机由静止状态进入正常工作状态。

(2)柴油发动机的工作原理　发动机的工作过程分为进气、压缩、做功和排气四个冲程。下面以单缸四冲程柴油机工作过程为例，如图 2-2所示。

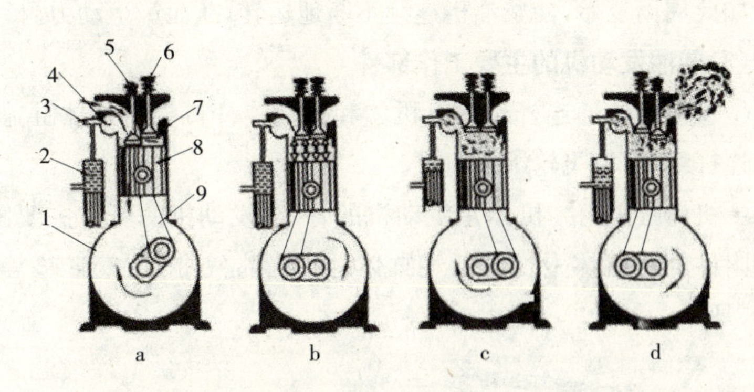

a. 进气过程　b. 压缩过程　c. 做功过程　d. 排气过程

1. 曲轴；2. 喷油泵；3. 喷油器；4. 燃烧室；

5. 进气门；6. 排气门；7. 气缸盖；8. 活塞；9. 连杆

图 2-2　单缸四冲程柴油机工作过程

①进气过程。曲轴靠飞轮惯性力旋转，带动活塞由上止点向下止点运动，这时进气门打开，排气门关闭，新鲜空气经过滤清器被吸入到气缸内。如图 2-2(a)所示。

②压缩过程。曲轴继续旋转，带动活塞由下止点向上止点运动，这时进气门与排气门都关闭，气缸形成密封的空间，其内的空气被压缩。压力和温度不断升高，在活塞到达上止点前，喷油器将高压柴油喷入燃烧室。如图 2-2(b)所示。

③做功过程。进、排气门仍是关闭状态，当气缸内温度达到柴油自燃温度时，柴油便开始燃烧，并放出热量，使气缸内的气体急剧膨胀，推动活塞从上止点向下止点移动，并通过连杆带动曲轴旋转，向外输出动力。如图 2-2(c)所示。

④排气过程。在飞轮惯性力作用下，曲轴旋转带动活塞从下止点向上止点运动，这时进气门关闭、排气门打开，燃烧后的废气从排气门排出机外。如图 2-2(d)所示。

排气过程结束后，曲轴依靠飞轮惯性力继续旋转，重复上述各过程。如此周而复始，使柴油机连续不断地运转，从而产生动力。

(3)柴油发动机的主要工作部件

①机体和曲柄连杆机构。机体和曲柄连杆机构由机体缸盖组、活塞连杆组、曲轴飞轮组等组成。

• 机体缸盖组。机体是发动机的骨架，发动机的所有主要零部件和附件都在机体上。包括气缸体、曲轴箱、气缸盖、气缸垫等，如图 2-3所示。

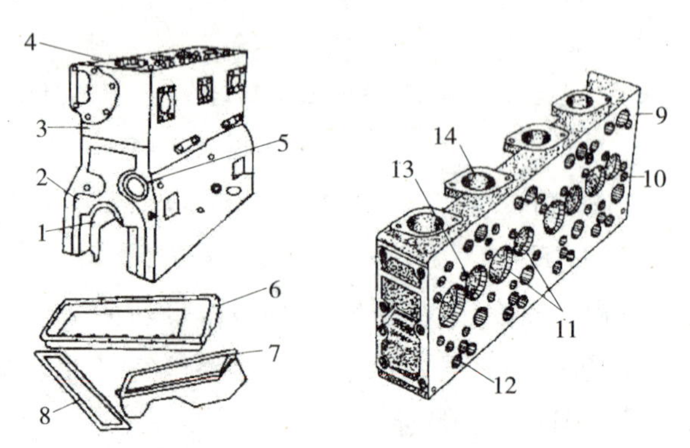

1. 主轴承座；2. 曲轴箱；3. 气缸体；4. 上平面；5. 凸轮轴孔；6. 安装座；7. 油底壳；8. 垫；9. 挺柱孔；10. 缸盖螺栓孔；11. 气门座；12. 冷却水孔；13. 喷油器孔；14. 进气道

图 2-3　机体缸盖组

• 活塞连杆组。活塞连杆组的功用是将燃料燃烧放出的热能转换为机械能，对外输出。主要由活塞、活塞环、活塞销、连杆、曲轴和飞轮等组成，如图 2-4所示。

• 曲轴飞轮组。曲轴的功用是将连杆传来的动力转变成扭矩，通过飞轮向外输出，并通过齿轮或皮带轮驱动发动机和系统进行工

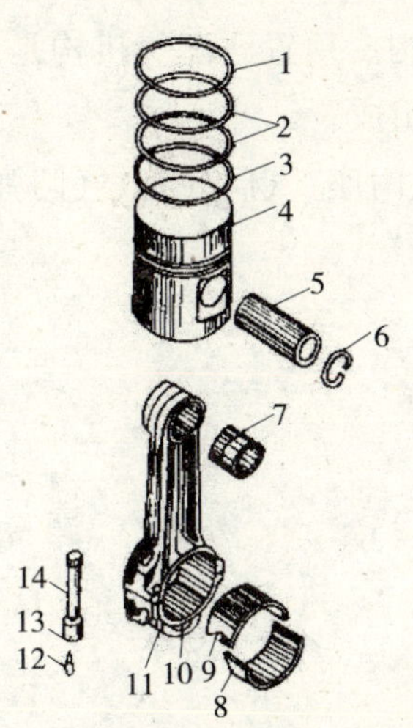

1,2. 气环;3. 油环;4. 活塞;5. 活塞销;6. 挡圈;7. 连杆衬套;

8,9. 连杆轴瓦;10. 连杆盖;11. 连杆体;12. 开口销;13. 连杆螺母;14. 连杆螺栓

图 2-4　活塞连杆组

作。飞轮的功用是贮存和放出能量,帮助曲柄连杆机构越过上止点,使内燃机均匀地旋转。发动机的动力通过飞轮传递给农机具。此外,还能帮助发动机克服短时间的超负荷。曲轴飞轮组由曲轴、主轴承、飞轮等组成,如图 2-5所示。

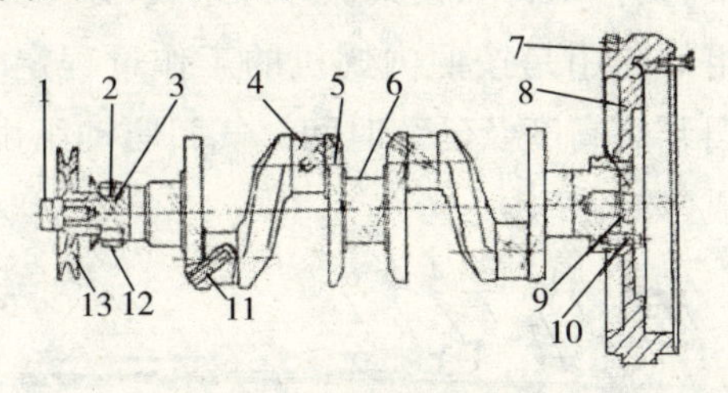

1. 起动爪;2. 键;3. 挡油盘;4. 曲轴连杆轴颈;5. 曲柄;6. 曲轴主轴颈;

7. 飞轮齿圈;8. 飞轮;9. 主轴承;10. 定位销;11. 螺塞;12. 正时齿轮;13. 皮带轮

图 2-5　曲轴飞轮组

②配气机构。根据气门配置的位置不同,配气机构可分为侧置式和顶置式两种。侧置式配气机构一般用在小型机或压缩比较低的汽油机上;顶置式配气机构是一般发动机普遍采用的形式。

•配气机构的结构。顶置式配气机构是由气门组、气门传动组和气门驱动组三部分组成。

气门组由气门、气门座、气门导管、气门弹簧、弹簧座、锁片等组成(如图 2-6)。

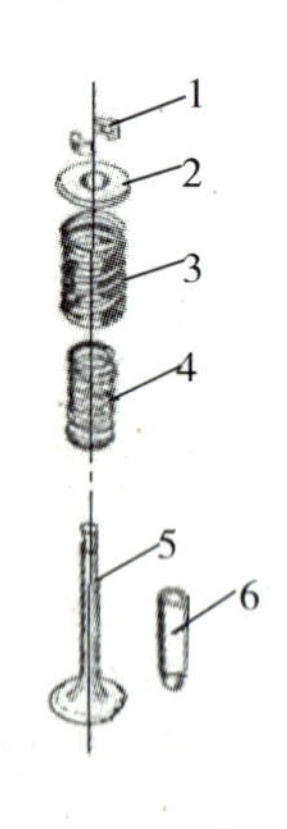

1. 锁片;2. 弹簧座;3. 外弹簧;
4. 内弹簧;5. 气门;6. 气门导管

图 2-6 气门组

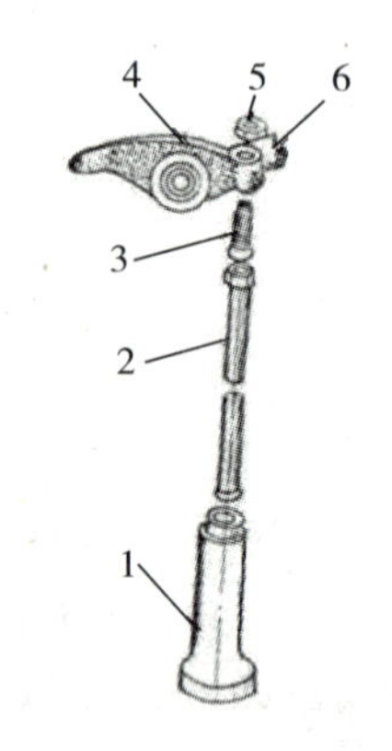

1. 挺柱;2. 推杆;3. 调整螺钉;
4. 摇臂;5. 锁紧螺母;6. 摇臂轴

图 2-7 气门传动组

气门传动组的功用是将驱动组的动力传递给气门组,由挺柱、推杆、摇臂、摇臂轴、调整螺钉和锁紧螺母等组成(如图 2-7)。

气门驱动组的功用是按照内燃机的工作过程定时打开气门,并保持一定的气门开启高度及延续时间。气门驱动组由凸轮轴和凸轮轴正时齿轮组成(如图 2-8)。

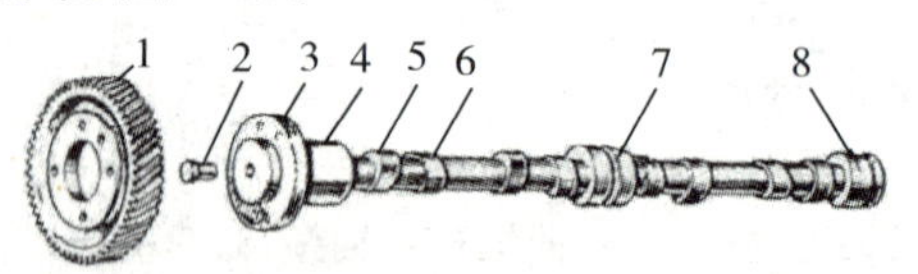

1. 凸轮轴正时齿轮;2. 止推轴销;3. 正时齿轮接盘
4. 前轴颈;5. 排气凸轮;6. 进气凸轮;7. 中轴颈;8. 后轴颈

图 2-8 气门驱动组

•配气机构的工作过程。当曲轴旋转时,由正时齿轮和中间齿轮带动凸轮轴正时齿轮及凸轮轴旋转。凸轮的凸起部分顶起挺柱,

推动推杆上行，顶起摇臂的一端，摇臂绕摇臂轴摆动，另一端压下气门杆，压缩气门弹簧，气门被打开。当凸轮凸起部分转过，离开挺柱时，气门在气门弹簧的作用下关闭(如图 2-9)。

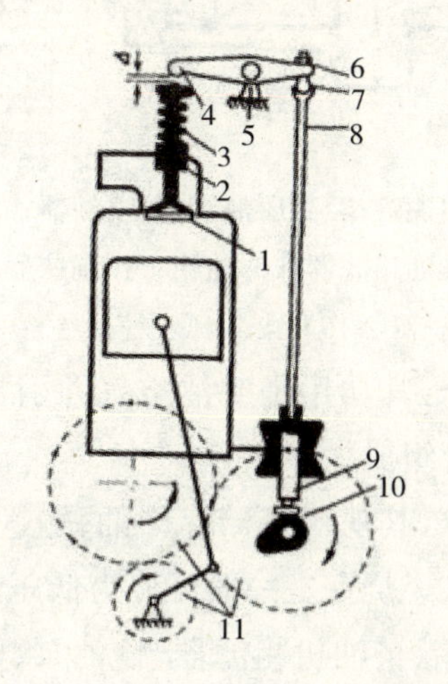

1. 气门；2. 气门导管；3. 气门弹簧；4. 摇臂；5. 摇臂轴支座；6. 锁紧螺母
7. 调整螺钉；8. 推杆；9. 挺柱；10. 凸轮轴；11. 正时齿轮

图 2-9　配气机构结构

• 气门间隙。内燃机在工作时，气门会受热膨胀，为给气门留有受热膨胀的余地，保证进、排气门关闭严密，在气门关闭时，气门杆尾端与摇臂之间应留有一定的间隙，称为“气门间隙”。一般进气门间隙为 0.2～0.4 毫米，排气门间隙为 0.25～0.45 毫米。使用中应按规定对气门间隙进行检查和调整，调整时要注意冷车比热车间隙大 0.05 毫米。

③柴油机燃料供给系。柴油机的燃料供给系包括空气供给、柴油供给和废气排除三部分，由空气滤清器、柴油箱、柴油机滤清器、输油泵、喷油泵、喷油器、调速器等组成 (如图 2-10)。

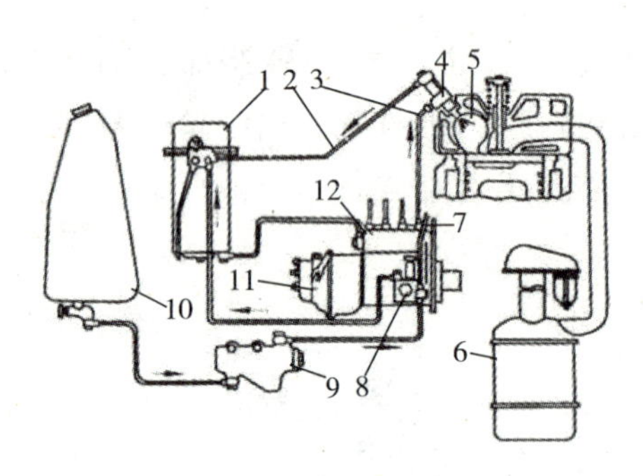

1. 柴油机细滤器；2，7. 回油管；3. 高压油管；4. 喷油器；5. 涡流室；6. 空气滤清器 8. 输油泵；9. 柴油粗滤器；10. 油箱；11. 调速器；12. 喷油泵

图 2-10　柴油机燃料供给系

• 空气供给部分：其功用是滤清空气并引导空气进入气缸。由空气滤清器和进气管组成。

• 柴油供给部分：其功用是储存柴油、输送滤清、产生高压和定时定量的以雾状喷入燃烧室。一般可分为低压油路和高压油路两部分。低压油路由油箱、柴油机粗滤器、输油泵、柴油机细滤器和低压油管组成。高压油路由喷油泵、高压油管、喷油器和燃烧室组成。单缸柴油机是将油箱置于柴油机上部，利用重力将柴油输入柴油机细滤器和喷油泵，故可省去输油泵。

• 废气排出部分：其功用是引导燃烧后的废气排出机外，并消灭火花和降低噪声。由排气管道和消声器等组成。

④润滑系。柴油机的润滑系为综合式润滑系统，包括盛油装置、输油装置、滤清装置、检视装置、安全装置和散热装置六大部分，主要由油底壳、机油泵、机油滤清器、机油压力表、机油标尺、限压阀、安全阀和机油散热器等组成(如图 2-11)。

机油经加油口加入油底壳内，油面的高度用机油尺来测量，正常的油面高度应在机油尺的上、下刻线之间。柴油机工作时，油底壳中的机油经集滤器吸入机油泵内，再被机油泵增压后沿管道进入机油滤清器。在夏季，过滤后的机油经转换开关流向机油散热器，冷却后

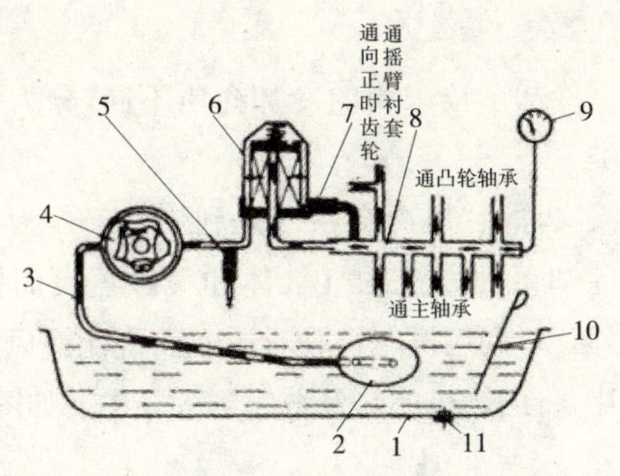

1. 油底壳；2. 集滤器；3. 吸油管道；4. 机油泵；5. 限压阀；6. 机油滤清器

7. 安全阀；8. 主油道；9. 机油压力表；10. 机油标尺；11. 放油塞

图 2-11 柴油机润滑系

再流入主油道(转换开关转到“夏”位置)；在冬季，机油不经散热器而直接流入主油道(转换开关转到“冬”位置)。

进入主油道的机油经分油道进入曲轴各主轴承及配气凸轮轴轴承。主轴承处的机油经曲轴中的斜孔进入到连杆轴颈的离心净化室中，机油中的杂质在离心力作用下沉积在室内壁，从而得到再次滤清。较清洁的机油进入连杆轴承，并沿连杆杆身油道进入连杆小端，使连杆铜套和活塞销得到润滑。

由于曲轴高速旋转，从各主轴承、连杆轴承和连杆小端轴套中流出来的机油被飞溅到气缸壁、配气凸轮及挺柱等零件上后，从而使各工作表面得到润滑。

进入到凸轮轴前轴承的部分机油经前轴颈的切槽沿垂直油道向上流入气门摇臂空心轴内，润滑摇臂衬套，然后从摇臂钻孔流出，滴落在配气机构其他零件的工作表面上。还有一部分机油沿主油道流向正时齿轮室，润滑各齿轮工作表面。所有流经各零件摩擦表面的机油都流到油底壳，因此，润滑系的工作是使机油在整个油路中以规定的压力(主油道内压力为 190～240kPa)和温度(正常温度为70～90℃)不断地循环。对润滑不到的部件如喷油泵、调速器等要定

期加注机油。

⑤冷却系。冷却系按采用的冷却介质不同，分为空气冷却系和水冷却系两大类。

空气冷却系又称为“风冷却系”，是利用空气作为冷却介质进行冷却的。空气冷却系内燃机的气缸体和气缸盖表面铸有许多散热片，以增大散热面积，利用机车行驶时的迎面气流或风扇旋转形成的气流流过散热片，将内燃机的热量散发到大气中。如图 2-12所示。

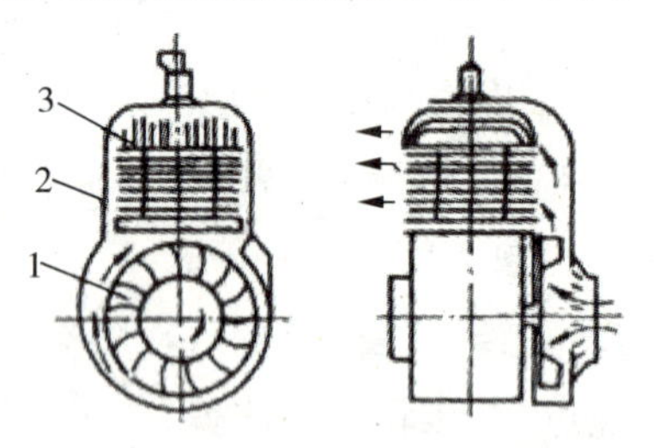

1. 风扇；2. 缸盖散热片；3. 缸体散热片

图 2-12　空气冷却示意图

空气冷却系具有结构简单、重量轻、使用维修方便等优点，适用于缺水地区，但冷却不可靠，消耗功率大。故目前仅在小型汽油机上广泛采用。

水冷却系按冷却水散热的方式不同，分为蒸发式水冷却系和循环式水冷却系。

循环式水冷却系按循环方式不同，分为热对流循环式和强制循环式两种。目前，拖拉机上广泛采用强制循环式水冷却系。

蒸发式水冷却系是一种最简单的水冷却系，它利用冷却水吸收热量后蒸发汽化，将热量散发到大气中，使内燃机得到冷却。蒸发式水冷却系由水箱和水套组成（如图 2-13）。水套与水箱连通在一起，水箱口敞开与大气相通，使水蒸气从水箱口扩散到大气中。这种冷却系结构简单，但耗水量较大，需经常加冷却水。一般用在单缸柴油机上。

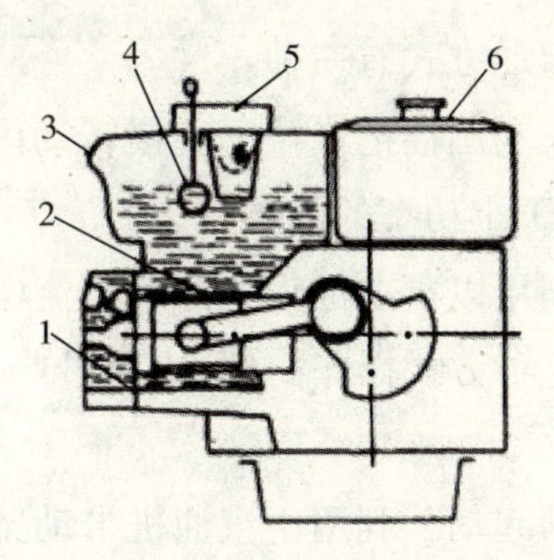

1. 缸盖水套；2. 缸体水套；3. 水箱；4. 浮子；5. 加水口；6. 油箱

图 2-13　蒸发式水冷却系

强制循环式水冷却系是发动机广泛采用的冷却系统，主要由散热器、风扇、水泵、节温器、水套、配水管等组成（如图 2-14）。发动机工作时，水泵和风扇旋转，冷却水在水泵作用下，从配水管的各出水孔分别进入各气缸的水套，再经缸盖水套出水口处的节温器进入散热器上水室，然后沿散热芯流向下水室。当冷却水流经散热器时，就被风扇旋转所产生的气流带走。这种冷却系工作可靠，散热能力强，适于较大功率的发动机。另外，有的水冷却系中装有节温器，可随水温而自动调节进入散热器的水量。

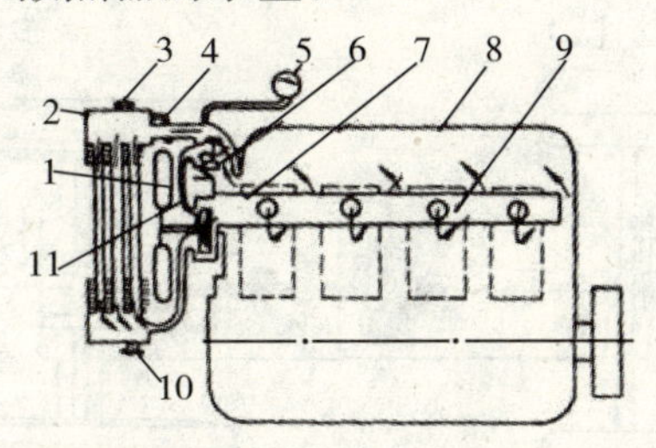

1. 风扇；2. 散热器；3. 水箱盖；4. 溢水管；5. 水温表；6. 节温器

7. 水泵；8. 水套；9. 配水管；10. 放水栓；11. 旁通管

图 2-14　强制循环式水冷却系

⑥起动装置。内燃机由静止状态转变为运动状态的过程称为“内燃机的起动”。起动装置的功用是对曲轴施加力矩，驱动曲轴旋转，并使起动迅速、轻便、可靠。

内燃机常用的起动方式有三种：

• 人力起动。人利用摇把或拉绳直接转动内燃机的曲轴实现起动，这种方式仅适用于小功率的内燃机。

• 电力起动。利用以蓄电池为电源的直流电动机带动飞轮和曲轴旋转实现起动。这种方式操作简便，应用最广，但受蓄电池电容量的制约。

• 小汽油机辅助起动。利用小汽油机带动柴油机曲轴旋转实现起动。这种起动方式工作可靠，但结构复杂、操作技术要求较高，仅用于功率较大的柴油机。

2. 拖拉机的传动系统

传动系统的功用是将发动机的扭矩传到拖拉机的驱动轮和动力输出装置上，并可以根据工作需要，改变拖拉机的行驶速度和牵引力，使拖拉机前进、后退、平稳起步或停车等。拖拉机的传动系统有机械式和液压式两类。目前，普遍采用机械式传动系统。

轮式拖拉机的传动系统包括离合器、变速箱、中央传动、差速器和最终传动(如图 2-15)。

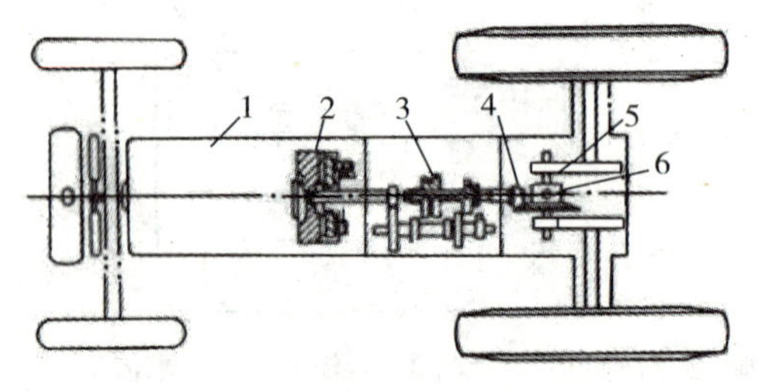

1. 发动机部分；2. 离合器；3. 变速箱；4. 中央传动；5. 最终传动；6. 差速器

图 2-15　轮式拖拉机传动系统组成

履带式拖拉机的传动系统包括离合器、变速箱、中央传动、左右转向离合器和最终传动(如图 2-16)。手扶拖拉机的传动系统包括离合器、变速箱、中央传动、左右转向机构和最终传动(如图 2-17)。

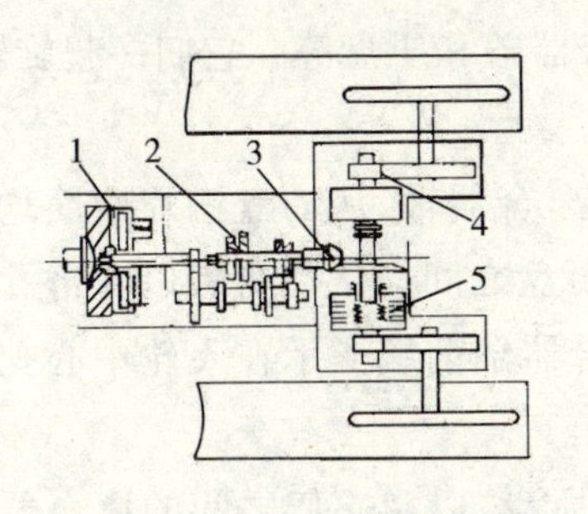

1.离合器;2.变速箱;3.中央传动

4.最终传动;5.转向离合器

图 2-16 履带式拖拉机传动系统组成

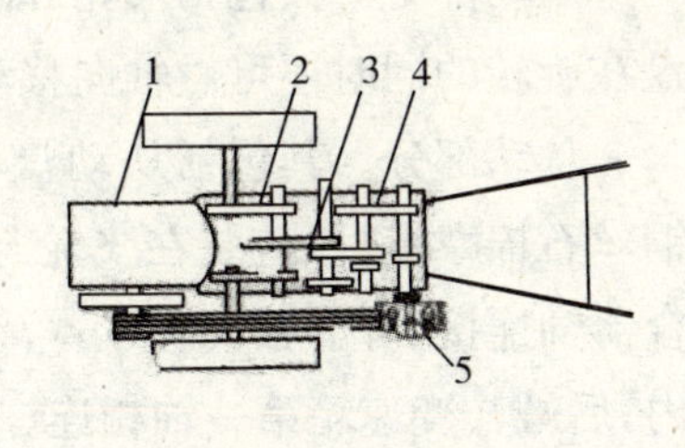

1.发动机;2.最终传动;3.中央传动

4.变速箱;5.离合器

图 2-17 手扶拖拉机传动系统组成

(1)离合器 离合器位于发动机与变速箱之间,通常与发动机飞轮组合在一起。其功用是接合和分离动力,便于变速箱能顺利挂挡和换挡,使拖拉机平稳起步,并能实现短时间停车,能防止传动系统的零件因超负荷而损坏。

拖拉机上广泛采用的是摩擦式离合器。按摩擦片的数目,可分为单片式、双片式和多片式(一般作为转向离合器)。

①摩擦式离合器的基本构造。摩擦式离合器一般由主动部分、从动部分、压紧装置、操纵机构等组成(如图 2-18)。

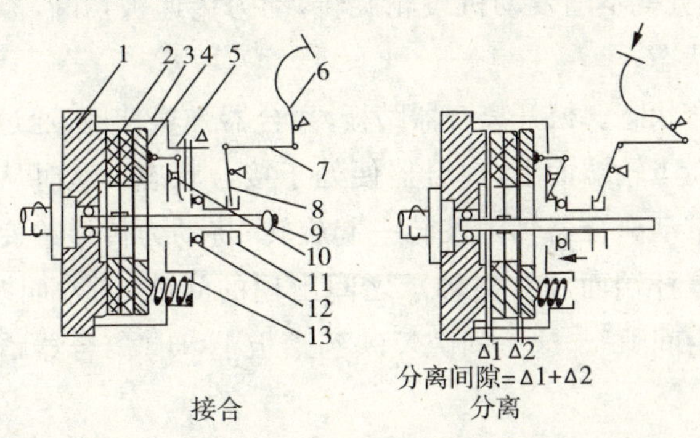

1.飞轮;2.从动盘;3.离合器盖;4.压盘;5.分离拉杆;6.踏板;7.拉杆;8.拨叉

9.离合器轴;10.分离杠杆;11.分离轴承套;12.分离轴承;13.离合器弹簧

图 2-18 摩擦式离合器简图

•主动部分。其包括飞轮、离合器盖和压盘等。它们一起旋转，压盘在旋转的同时还可做轴向移动。

•从动部分。其包括从动盘和离合器轴，从动盘钢片两面均铆有铜丝石棉摩擦衬片，装在飞轮与压盘之间。从动盘毂以花键孔与离合器轴连接，可沿轴向移动。离合器轴前端支承在飞轮中心孔轴承内，后端与变速箱第一轴相连。

•压紧装置。其由离合器盖和压盘，以及它们之间的离合器弹簧等组成，由于弹簧作用，压盘经常将从动盘压紧在飞轮端面上，使其摩擦面间产生摩擦力，将扭矩传递给变速箱第一轴。

•操纵部分。其由分离轴承、分离套筒、分离杠杆、分离拉杆、拉杆、踏板和分离拨叉等组成。分离轴承装在分离轴承座套内，而座套可在离合器轴上滑动。

②离合器的工作原理。

•分离状态。踏下踏板，分离轴承在分离拨叉的作用下，向飞轮方向移动，压迫分离杠杆内端也向飞轮方向移动，分离杠杆外端带动压盘，克服离合器弹簧的压力向飞轮相反方向移动。这样，压盘不再压紧从动盘，因而从动盘与飞轮、压盘之间出现分离间隙，摩擦力消失，从动部分就不随发动机飞轮旋转，动力传递被切断，离合器便处于“分离”状态。

•接合状态。松开离合器踏板，离合器弹簧伸展，通过压盘将从动盘压紧在飞轮端面上，离合器便处于接合状态。这时从动盘毂通过花键孔带动离合器轴随飞轮一起旋转，将动力传递给变速箱。这时在分离杠杆端面和分离轴承之间出现的间隙，通常叫“离合器间隙”或“自由间隙”。这一间隙反映到踏板上，叫“离合器踏板自由行程”。

上述离合器在国产拖拉机上被广泛采用，如东方红-802、75，农用运输车。东风-12也采用此离合器，但它为了减小离合器的径向尺寸，其从动盘采用的是双片的。

(2)变速箱

①变速箱的功用与分类。变速箱的功用有：增扭减速，即将发动机传到传动系的扭矩增大，转速降低；变速变扭，即变换排挡，以改变传动系的传动比，使拖拉机能获得所需的行驶速度和牵引力；实现空挡，使拖拉机在发动机不熄火的情况下停车，同时也为发动机能顺利地起动创造条件；实现倒挡，使拖拉机能倒退行驶。此外，还可以通过变速箱引出动力输出轴，以带动其他农机具工作。

变速箱可分为无级式和有级式两种。

无级式变速箱在一定范围内可获得任意传动比，在发动机功率的利用和提高拖拉机生产率等方面都有一定的优越性。但是由于传动效率低、制造成本高和结构复杂等方面的问题，其未能被广泛应用。

有级式变速箱是利用齿轮传递动力，变速箱内装有齿数及传动比不同的多组齿轮副，以获得一定数量的变速级别（即挡位），每个挡位对应不同速度。有级式变速箱的变速比是有限的，但是由于结构较简单、使用可靠，因此，目前在农用拖拉机和农用运输车上被广泛应用。

②变速箱的基本结构和工作原理。变速箱安装主要由变速器、壳体及操纵机构组成。根据传动形式不同可分为两轴式、三轴式、组合式三种。

• 两轴式变速箱。第一轴通过离合器和发动机曲轴相连，第二轴经中央传动将动力传给驱动轮。第一轴的花键部分装有滑动齿轮，第二轴上装有固定齿轮。当变速杆拨动拨叉移动滑动齿轮中的任意一个齿轮与第二轴上的一个相应齿轮啮合时，即得到一个传动比。这样有几个滑动齿轮与相应的固定齿轮啮合，便可获得几个挡。两轴式变速箱可获得三个前进挡，一个倒退挡，如图 2-19 所示。东方红-802、75 拖拉机的变速箱属于此类型。

• 三轴式变速箱。它具有第一轴、第二轴和中间轴三根主要轴。

第一轴与中间轴上有一对齿轮常啮合。当第二轴上的滑动齿轮分别与中间轴上的三个固定齿轮啮合时，可得到三个挡。另外，齿轮 3 向前移与齿轮 2 套合时，第一轴的扭矩直接传给第二轴，得到直接挡，如图 2-20所示。

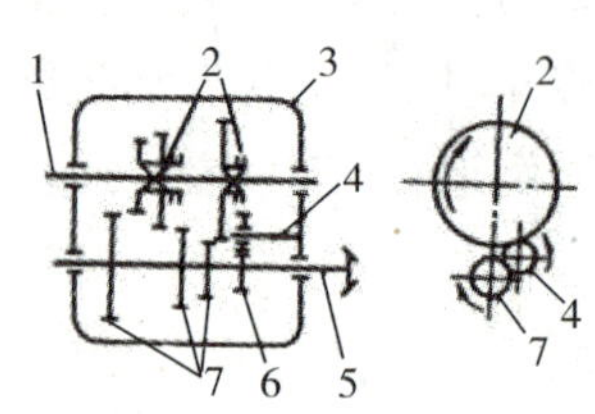

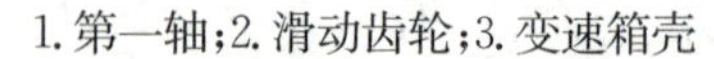
1. 第一轴；2. 滑动齿轮；3. 变速箱壳
4. 倒挡轴和倒挡齿轮；5. 固定齿轮
6. 倒挡从动齿轮；7. 固定齿轮

图 2-19　两轴式变速箱简图

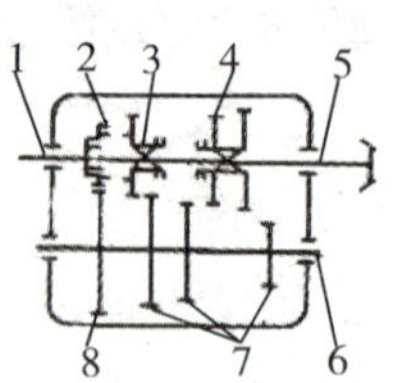

1. 第一轴；2. 常啮合主动齿轮
3，4. 滑动齿轮；5. 第二轴；6. 中间轴
7. 固定齿轮；8. 常啮合从动齿轮

图 2-20　三轴式变速箱简图

•组合式变速箱。它由两个变速箱连接而成，即由一个具有四个前进挡及一个倒退挡的两轴式变速箱（主变速箱）和一个具有两个挡的行星减速机构（副变速箱）组合而成。共有八个前进挡和两个倒退挡。主、副变速箱分别由主变速杆和副变速杆操纵。铁牛-55/55D、上海-50 拖拉机、东风-12 型手扶拖拉机的变速箱属于此类型。

③变速箱的操纵机构。变速箱的操纵机构由换挡机构、锁定机构、互锁机构和挡联锁机构等组成（如图 2-21）。

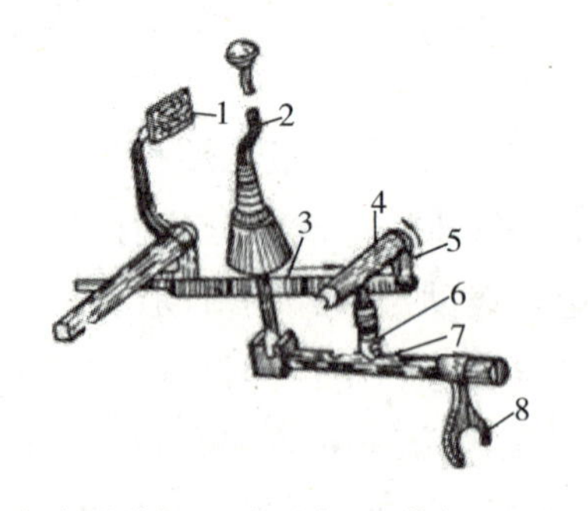

1. 离合器踏板；2. 变速杆；3. 推杆；4. 连锁轴
5. 连锁轴臂；6. 锁销；7. 变速轴；8. 变速叉

图 2-21　变速箱的操纵机构

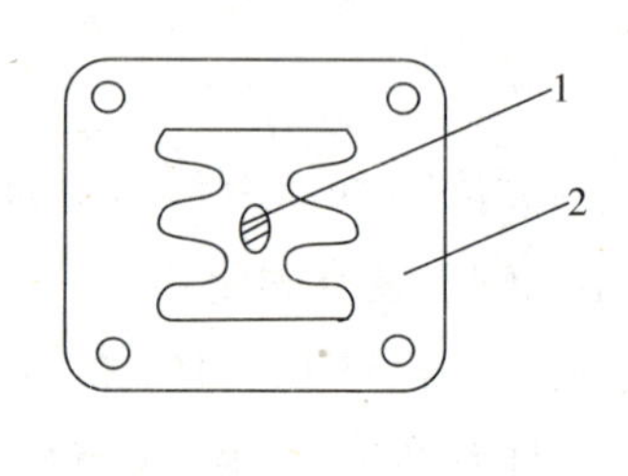

1. 变速杆；2. 导向框架

图 2-22　互锁机构

换挡机构的功用是进行换挡，它由变速杆、拨叉轴及拨叉等组成，

锁定机构的功用是保证齿轮全齿宽都参与啮合，并使拖拉机在工作中不产生自动挂挡和自动脱挡现象。拖拉机上广泛采用锁销式自锁机构。

互锁机构的功用是防止同时挂上两个挡。拖拉机上常用的框式互锁机构是一块具有一定形状导槽的铁板，每根导槽对准一根拨叉轴，挂挡时，变速杆只能在导槽内移动。因而保证了变速杆处于准确的位置，每次只能拨动一根拨叉轴，挂上一个挡。

联锁机构的功用是保证换挡时离合器必须彻底分离，同时，可完全避免产生自动脱挡的可能。一般在大中型拖拉机上采用。多用锁销式联锁机构(如图 2-22)。

(3)中央传动和最终传动　拖拉机的中央传动和最终传动是指在变速箱之后、驱动轮之前的所有传动机构及壳体，统称为“后桥”。其功用是传递扭矩并增大扭矩，改变扭矩的传递方向和降低转速。轮式拖拉机的后桥由中央传动、差速器和最终传动组成；履带式拖拉机的后桥由中央传动、转向离合器和最终传动等组成。差速器和最终离合器既是传递动力的部件，又是拖拉机转向系的重要组成部分。

①中央传动。中央传动的功用是进一步降低转速，增大扭矩，并改变动力的传递方向(改变 90°)。中央传动由一对螺旋圆锥齿轮构成。其小锥齿轮与变速箱的输出轴相连接，大锥齿轮在轮式拖拉机或农用运输车上与差速器装在一起，再通过左右两个半轴向后传递动力。在履带式拖拉机上，大锥齿轮和转向离合器装在同一根后桥轴上。

东风-12 手扶拖拉机上发动机和变速箱是横向布置的，由于不必改变动力的旋转平面，故其中央传动由一对直齿圆柱齿轮组成。

②最终传动。最终传动是传动系统中最末端一个部件，它的作用是再一次降低转速，增加扭矩，然后传给驱动轮。因此，它也是一

个减速装置。大多数国产拖拉机的最终传动由一对圆柱齿轮组成。使用中，应经常倾听后桥有无异常响声，经常检查各密封部位是否漏油，润滑油位与油质是否符合要求，必要时更换符合规定的润滑油。

3.转向系

转向系的功用是改变和保持拖拉机的行驶方向，以保证拖拉机的正常工作。

(1)轮式拖拉机的转向系 轮式拖拉机的转向系主要由转向机构和差速器等组成。

①转向机构。轮式拖拉机的转向机构由方向盘、转向器和转向传动装置等组成。

转向器功用是将方向盘的转动变为转向摇臂的摆动，并通过传动装置操纵前轮偏摆。常用型拖拉机转向器有球面蜗杆滚轮式、螺杆螺母循环球式等。

转向传动装置的功用是将转向器的摆动力传给前轮。目前广泛应用的是转向梯形和双拉杆两种形式。转向梯形由横拉杆、左右转向摇臂和前轴组成(如图 2-23)。双拉杆式转向机构是由两根纵拉杆分别带动两个前轮偏转，以满足转向要求(如图 2-24)。

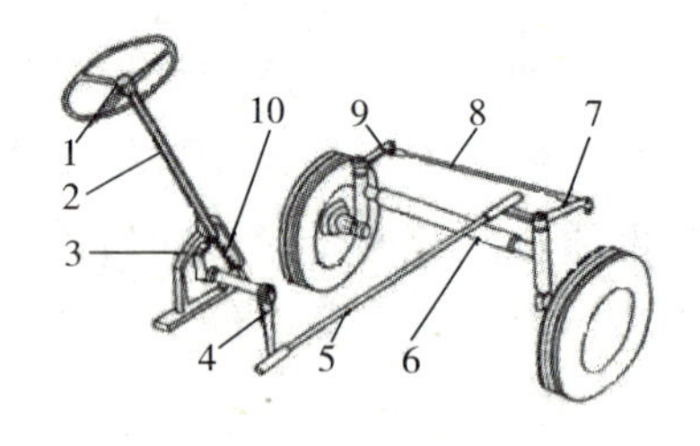

1.方向盘;2.转向轴;3.转向器;4.垂臂;5.纵拉杆
6.前轴;7.转向杠杆;8.横拉杆;9.转向摇臂;10.蜗杆

图 2-23 轮式拖拉机的转向梯形机构

图 2-24 双拉杆式转向机构简图

②差速器。差速器的功用是把中央传动传来的扭矩分配给驱动

轮，并使两侧驱动轮在转向时内侧转速慢，外侧转速快，以利拖拉机转向。差速器由中央传动的大小锥齿轮、差速器壳、行星齿轮、行星齿轮轴，以及左右半轴及半轴齿轮等组成(如图 2-25)。

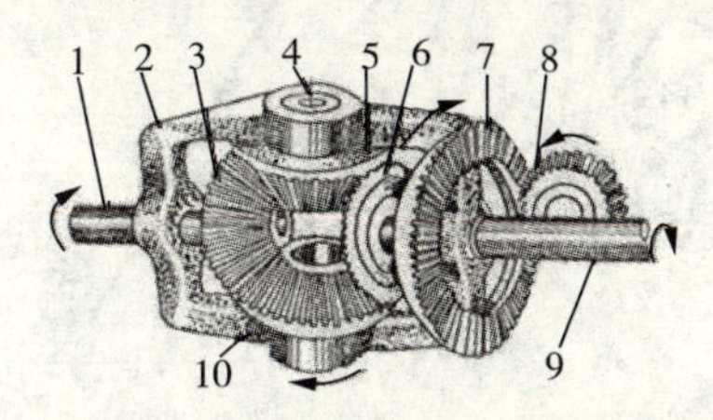

1. 左半轴；2. 差速器壳；3. 左半轴齿轮；4. 行星齿轮轴；5，10. 行星齿轮
6. 右半轴齿轮；7. 中央传动大锥齿轮；8. 中央传动小锥齿轮；9. 右半轴

图 2-25　圆锥齿轮差速器

拖拉机直线行驶时，两侧驱动轮的运动阻力相同，通过左、右半轴齿轮作用在行星齿轮两侧的阻力相等，且两力产生的阻力矩方向正好相反，因此，行星齿轮不能自转。此时，大锥齿轮的扭矩通过差速器壳经行星齿轮轴传给行星齿轮，由于行星齿轮像楔子一样锁住两侧半轴齿轮，使两半轴和差速器壳等速旋转(没有相对转动)。

当拖拉机转向时，地面对内侧驱动轮的阻力大于外侧驱动轮的阻力，两侧不等的阻力反映到半轴上，使行星齿轮不仅随差速器壳公转，而且在行星齿轮两侧阻力差的作用下产生自转，使外侧半轴齿轮的转速在公转的基础上加快，而内侧半轴齿轮的速度则低于公转转速。由于两半轴齿轮的齿数和直径相等，所以外侧半轴齿轮增加的转速值恰好等于内侧半轴齿轮减少的转速值。

注意：装有差速器的拖拉机一般装差速锁，当拖拉机一侧驱动轮打滑时，可用差速锁将两半轴齿轮连成一体，使两驱动轮以相同的转速转动，此有利于拖拉机驶出打滑区。

(2)手扶拖拉机的转向系　手扶拖拉机的转向系一般采用牙嵌式转向离合器(如图 2-26)。它安装在变速器内，由中央传动齿轮上的牙嵌和转向齿轮上的牙嵌组成的牙嵌离合器、转向弹簧和转向拨叉等组成,其操纵部分由转向把手、拉杆及转向臂等组成。

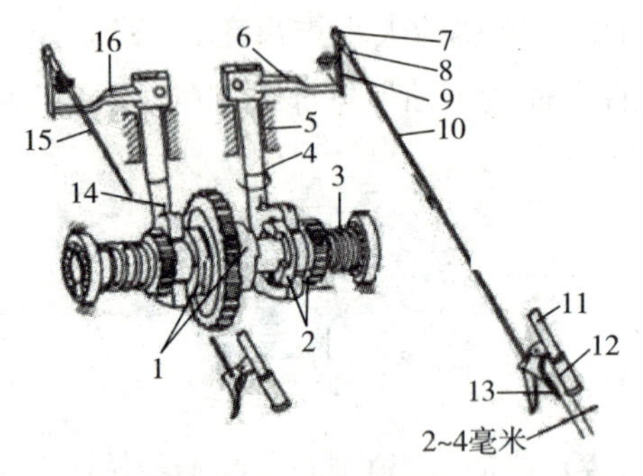

1. 中央传动齿轮和牙嵌;2. 右转向轮和牙嵌;4,14. 转向拨叉

5. 转向盖板;6,16. 转向臂;7. 转向拉杆调节叉;8. 锁紧螺母

9. 转向杠杆;10,15. 转向拉杆;11. 扶手架;12. 扶手套;13. 转向手把

图 2-26　牙嵌式转向离合器

当手扶拖拉机直线行驶时,左右两个转向齿轮在弹簧压力作用下与中央传动齿轮接合在一起,左右驱动轮转速完全相等,保证拖拉机直线行走。转向时,如向右转弯,捏紧右边转向把手,通过拉杆、转向臂使右侧的转向齿轮克服弹簧压力向右移动,使牙嵌分离,切断动力,右边的驱动轮便停止转动,手扶拖拉机便向右转弯;同理,捏左边把手,手扶拖拉机便左转弯。

注意:下陡坡时,应考虑行走轮失控后是加速行驶的,操纵方法应与平路相反。捏右边的转向把手,手扶拖拉机向左转弯;捏左边的转向把手,手扶拖拉机则向右转弯。

(3)履带式拖拉机的转向系　履带式拖拉机的转向是通过后桥壳体内左右两个转向离合器改变传动驱动轮的扭矩,使两侧驱动轮具有不同的驱动力,从而使两边履带以不同的速度行驶来实现转向的。履带拖拉机的转向系包括转向离合器和转向操纵机构两部分。

①转向离合器。采用多片干式常压式摩擦式离合器,由主动部分、从动部分和压紧装置组成(如图 2-27)。

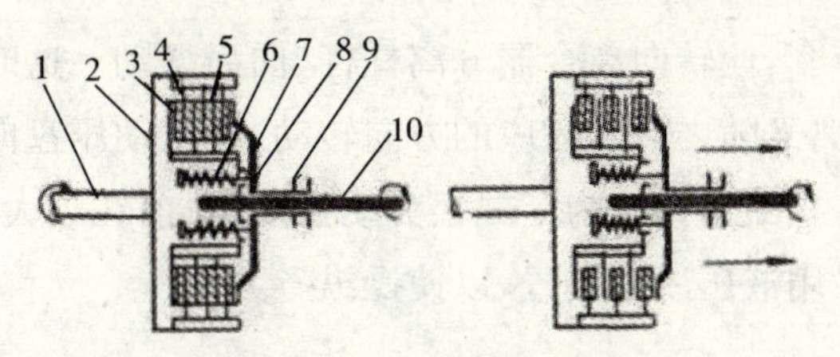

1. 最终传动主动齿轮轴；2. 从动鼓及接盘；3. 主动鼓；4. 从动鼓
5. 主动盘；6. 压紧弹簧；7. 弹簧拉杆；8. 压盘；9. 分离轴承；10. 后桥轴

图 2-27　转向离合器工作简图

主动鼓装在后桥轴端部花键上，其外圆齿槽上套着具有内齿的主动片，随主动鼓一起转动，每两个主动片之间有一从动片。从动片的外齿与从动鼓的内齿套合，从动鼓用螺钉固定在从动鼓接盘上，并通过它带动最终传动主动小齿轮。六对压紧弹簧通过拉杆将压盘压向主动鼓，使主动片和从动片能够压紧。

当中央传动传来的扭矩通过转向离合器平均传给两侧驱动轮时，拖拉机做直线行驶；当拖拉机转弯时，如向左转，就拉左边的操纵杆，通过分离杠杆使左侧的主动片和被动片分离，切断（或部分切断）传到左边的动力。

②转向操纵机构。履带式拖拉机的转向操纵机构包括对转向离合器和制动器的操纵两部分，如图 2-28 所示。

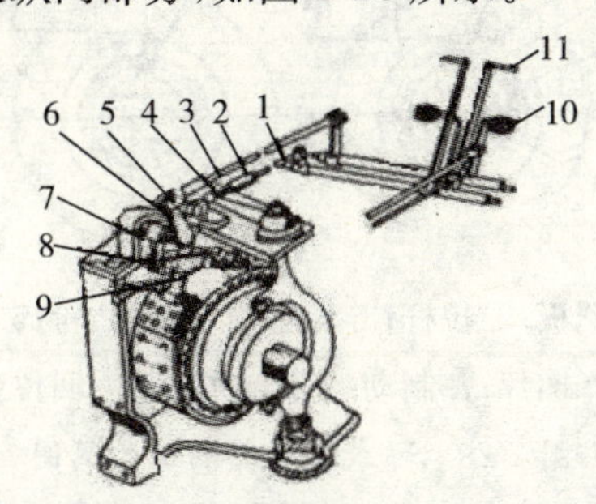

1. 转向推杆；2. 推杆调节套；3. 制动器拉杆；4. 转向分离拉杆；5. 制动器调整螺母
6. 制动器上枒臂；7. 下枒臂；8. 连接板；9. 制动带拉杆；10. 制动器踏板；11. 操向杆

图 2-28　东方红-75 型拖拉机转向离合器和制动器的操纵机构

当拉动转向离合器操纵杆向后移动时，通过操纵转向离合器推杆、推杆调节套，使转向离合器分离杠杆，向后摆动。这时，与分离杠杆连接的分离叉随之沿着相应的方向转动，并带动压盘向里移动，离合器被分离，切断动力。为了减轻劳动强度，目前在较大功率的拖拉机上，一般采用液压助力装置，以使操纵省力。

4.制动系

制动系的功用是使拖拉机在高速行驶中减速、迅速停车，保证拖拉机能停在斜坡上。田间作业时进行单边制动，可以帮助拖拉机转向(实现急转弯)。制动系由制动器和制动操纵机构两部分组成。目前，在拖拉机上广泛采用摩擦式制动器，借助摩擦力对车轮产生制动作用。

摩擦式制动器有蹄式、盘式和带式三种。

(1)蹄式制动器 蹄式制动器也称“鼓式制动器”。它的制动鼓安装在轮毂上，带有摩擦衬面的两个制动蹄片安装在半轴壳体上。制动蹄片的下端由制动销铰接，上端在弹簧作用下紧紧地与制动凸轮相靠。如图 2-29所示。

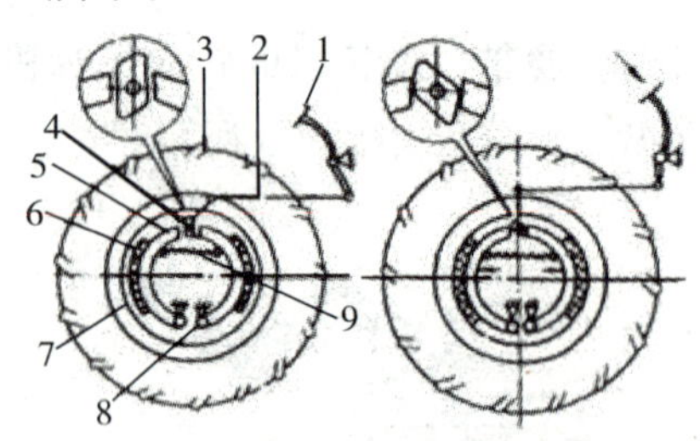

1.制动踏板;2.拉杆;3.轮胎;4.制动凸轮;5.制动臂
6.制动摩擦片;7.制动毂;8.支撑销;9.回位弹簧

图 2-29 蹄式制动器的工作简图

制动蹄片与制动鼓内表面之间保持一定间隙，当踩下制动踏板时，通过传动杠杆使制动凸轮转动，从而使两块蹄片张开，进而压紧在制动鼓内壁上，此时驱动轮被制动，拖拉机即被减速或停车；放开踏板后，制动蹄片在弹簧力的作用下回到原来的位置。这种制动器

只在一些中小马力的轮式拖拉机和农用运输车上采用。

(2)盘式制动器　盘式制动器主要由制动摩擦盘、制动器压盘、钢球、复位弹簧、压盘连杆，以及制动器盖和壳体等组成(如图 2-30)。

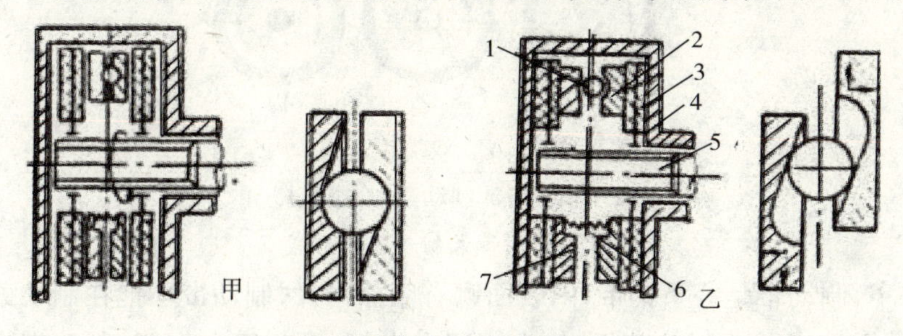

甲. 不制动时　　乙. 制动时

1. 钢球；2,7. 制动压盘；3. 摩擦盘；4. 制动器壳体；5. 主动轴；6. 回位弹簧

图 2-30　盘式制动器的工作原理

制动器的壳体固定在后桥壳体上，两个制动摩擦盘借花键与半轴相连，随半轴一起旋转，并能在轴上做轴向滑动。两个制动压盘安装在摩擦盘之间，靠壳体内的凸台支撑，只能在不大的弧度内转动。压盘的内平面上铣有由浅入深的球面斜槽，并夹着钢球。

不制动时，回位弹簧把两压盘拉拢，钢球则处于球面斜槽的最深处，此时摩擦盘与压盘、摩擦盘与半轴壳和摩擦盘与轴承座之间均有间隙(如图 2-30甲)；当踩下制动踏板时，操纵力经一系列杆件，迫使两个制动压盘相对转动一个角度。此时斜槽内的钢球由深处滚向浅处，并把制动压盘撑开，分别推动旋转的摩擦盘紧压在固定不动的制动器盖和壳体平面上(如图 2-30乙)。

当松开踏板时，复位弹簧将踏板拉回原位。压盘也在复位弹簧的作用下恢复原位，钢球又进到斜槽深处，消除了对半轴的制动。

(3)带式制动器　带式制动器由制动带、制动鼓、操纵杆等组成。带式制动器按安装方式不同可分为单端拉紧式、双端拉紧式和浮式三种(如图 2-31)。

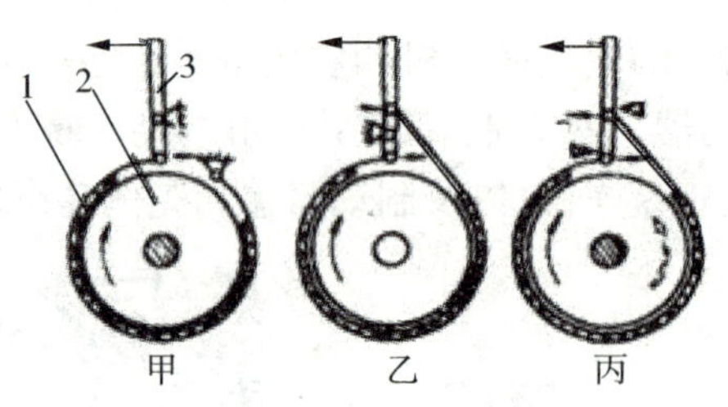

甲.单端拉紧式　乙.双端拉紧式　丙.浮式

1.制动带;2.制动鼓;3.操纵杆

图 2-31　带式制动器的形式

制动带是一条钢带,内表面铆有摩擦衬片,制动带环抱在制动鼓周围。当踩下制动踏板时,上拐臂向左摆,下拐臂向右摆,制动带抱住制动鼓,实现制动。松开踏板,回位弹簧使制动带离开制动鼓返回原位,制动带与制动鼓之间出现间隙,解除制动。

5. 行走系

行走系的功用是把由发动机传到驱动轮上的驱动扭矩转变为拖拉机工作所需的驱动力,并把驱动轮的旋转运动转变成拖拉机在地面上的移动。此外,还用来支承拖拉机的重量。

(1)轮式拖拉机行走系统　轮式拖拉机行走系统主要由前桥、车架和车轮等组成。

①前桥。拖拉机的前桥由转向节主销、转向节支架、前轴、前轮轴和摇摆轴组成(如图 2-32)。它用来安装前轮并支承拖拉机重量。

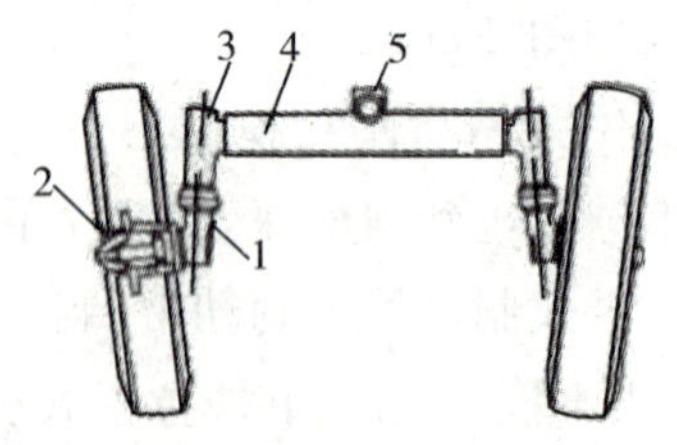

1.转向节主销;2.前轮轴;3.转向节支架;4.前轴;5.摇摆轴

图 2-32　前桥的构造

注:为了提高拖拉机直线行驶的稳定性,让其转向操纵方便,减

少车轮滚动阻力和轮胎磨损，轮式拖拉机的前轮和转向节立轴并不与地面垂直。转向节立轴上端向内并向后倾斜（内倾角 3°～9°，后倾角0°～5°）。前轮上端向外倾并前束（外倾角为 1.5°～4°，前束值为 2～12 毫米）。

②车架。拖拉机的车架用来安装发动机、传动系和行走系，使拖拉机成为一个整体。车架有全梁式、半梁式和无梁式三种。

• 全梁式车架。它是一个完整的框架，拖拉机所有部件都安装在这个框架上。如图 2-33为东方红-75 型拖拉机的车架，它由纵梁、前梁和后轴等组成。

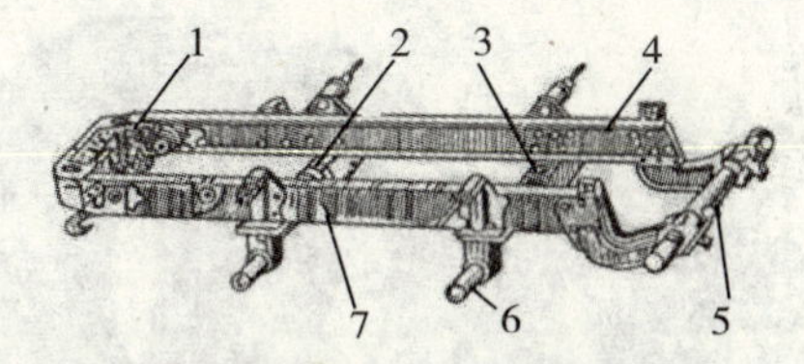

1. 前梁；2. 前横梁；3. 后横梁；4，7. 纵梁；5. 后轴；6. 台车轴

图 2-33　全梁式车架

• 半梁式车架。车架一部分是梁架，用于安装发动机；另一部分是利用传动系的壳体组成的车架。图 2-34为铁牛-55 的车架。

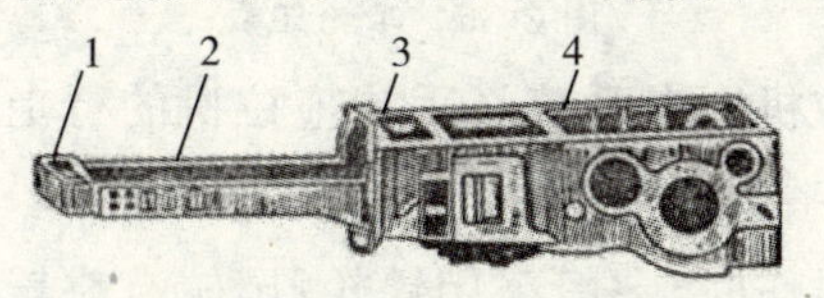

1. 前梁；2. 纵梁；3. 离合器壳；4. 变速箱和后桥壳

图 2-34　半梁式车架

• 无梁式车架。没有梁架，整个车架由各部件的壳体连成（如图 2-35）。东风-50、上海-50 型拖拉机采用这种车架。

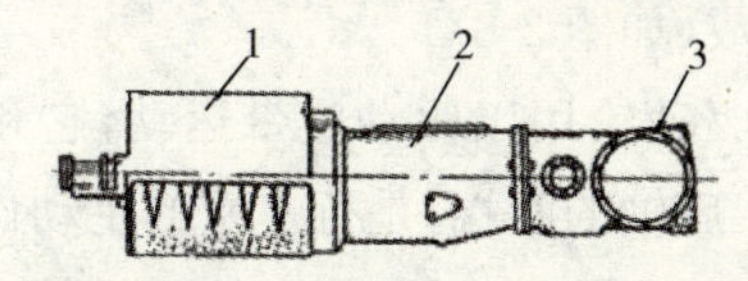

1. 发动机壳体；2. 变速箱壳体；3. 后桥壳体

图 2-35　无梁式车架

③车轮。拖拉机与农用运输车的车轮一般采用橡胶充气轮胎车轮。车轮由外胎、内胎、轮圈、辐板和轮毂等组成(如图 2-36)。

拖拉机的车轮分为导向轮和驱动轮两种。拖拉机的前轮为导向轮,由方向盘通过传动杆件操纵,引导拖拉机的行驶方向。为了减少行驶时侧向滑移,导向轮外胎面上具有纵向条形花纹。拖拉机的后轮为驱动轮,其作用是将最终传动传来的扭矩变成推进力,推动拖拉机行走。为了减少打滑和具有良好的附着性,驱动轮胎面上铸有“八”字形的花纹。

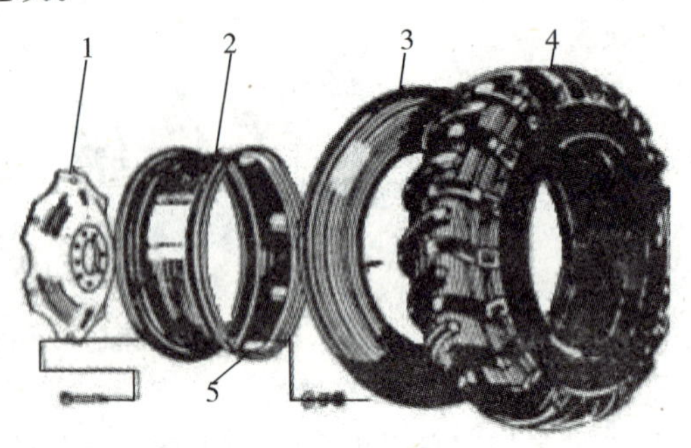

1. 辐板 2. 轮圈 3. 内胎 4. 外胎 5. 连接凸耳

图 2-36　车轮组成

(2)手扶拖拉机行走系统　手扶拖拉机的行走系多采用半梁式车架。它的行走系主要包括驱动轮和尾轮两部分。驱动轮有胶轮和铁轮两种,田间耕作时,一般采用铁轮;尾轮有耕耘尾轮和运输尾轮两种,田间耕作时,一般采用耕耘尾轮。

(3)履带式拖拉机的行走系　履带式拖拉机的行走系由驱动轮、履带、支重轮、履带张紧装置、导向轮和托轮,以及连接支重轮和拖拉机机体的悬架等组成(如图 2-37)。

驱动轮和履带驱动轮用以驱动履带运动,它和最终传动的从动齿轮一起,装在车架后轴的两端,是行走系的主动件。当驱动轮转动时,通过轮齿带动履带绕着托带轮、导向轮、支座轮和它本身转动,从

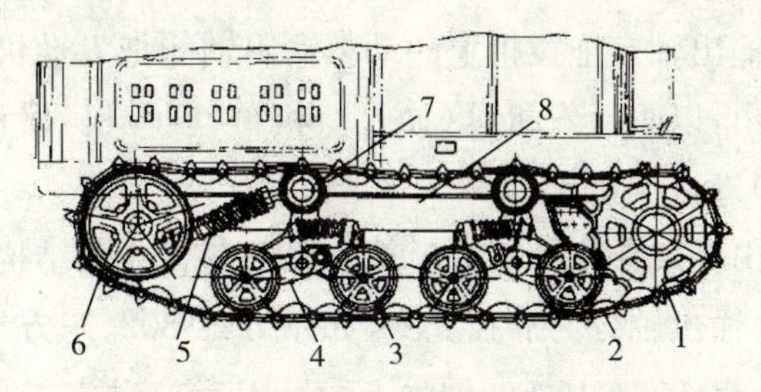

1. 驱动轮；2. 履带；3. 支重轮；4. 台车；5. 张紧装置；6. 导向轮；7. 托轮；8. 悬架

图 2-37　*履带式拖拉机的行走装置*

而推动拖拉机行走。

履带是由许多履带板和履带销连接而成的闭合金属轨道。每块履带板外面的履刺，用以提高履带的附着性能。由于履带比较长，接地面积大，对地面的单位面积压力较轮式拖拉机小，故在松软的土地上工作时不易下陷。

导向轮的作用是引导履带的行走方向，并且是张紧装置的一部分。张紧装置的作用是保持履带具有一定的张紧度，减少履带在运动中的跳动，并防止履带因过松在转弯时脱落。

悬架用以连接支重轮和拖拉机机体。机体的重量通过悬架传给支重轮，同时，履带和支重轮在行驶中所受到的冲击也通过悬架传到机体上。

支重轮用来支承拖拉机的重量，夹持履带，不使履带横向滑脱；托轮用以托住履带，防止其过度下垂及侧向脱落。

6. 拖拉机的工作装置

拖拉机的工作装置能把拖拉机的动力传递给各种农机具，保证拖拉机和农机具相互配合从而可以进行多种作业。它包括动力输出装置、牵引装置和液压悬挂装置。

(1)动力输出装置　动力输出装置包括动力输出轴和动力输出皮带轮。

①动力输出轴。拖拉机上的动力输出轴能把发动机的一部分或全部动力输出,以驱动农机具(如收获机械、脱粒机、播种机、撒肥和喷雾机械等)进行作业。

动力输出轴装在拖拉机的后部。根据离合器的结构和操纵关系的不同,动力输出轴分为非独立式(如东方红-802、东方红-75 等)、半独立式(如上海-50、东风-50、铁牛-55、600L 等)、独立式和同步式等。

动力输出轴的一端铣有花键,以便通过联轴节与作业机具相连。

②动力输出皮带轮。动力输出皮带轮是以皮带传动的方式驱动固定式农具,如脱粒机、饲料粉碎机、鼓风机、搅拌机,以及排灌机械和发电设备等,以完成固定作业。在这种情况下,动力输出轴上的皮带轮所传递的是发动机的全部功率。

为了便于调整皮带的张紧度,要求驱动皮带轮的轴心线与拖拉机驱动轮的轴心线平行。皮带传动有一个共同的要求:皮带紧边在下面,松边在上面,以增大皮带裹住皮带轮的包角,减少皮带打滑。

(2)牵引装置 拖拉机的牵引装置用来连接各种牵引式农机具和拖车,其结构如图 2-38所示。

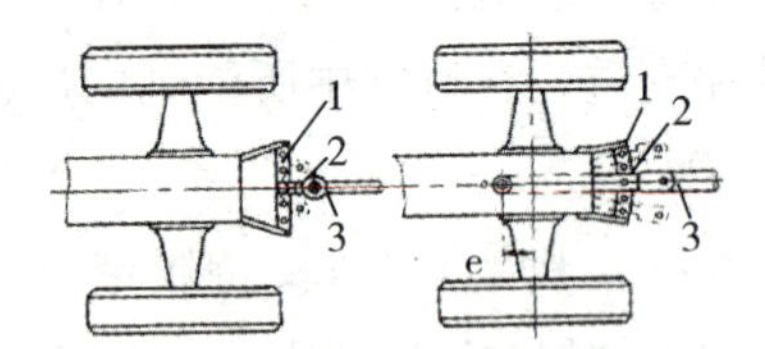

(a)固定式牵引装置 (b)摆杆式牵引装置

1. 牵引板;2. 牵引杆;3. 辕杆

图 2-38 牵引装置

(3)液压悬挂系统 用液压提升和操纵农机具的整套装置叫作“液压悬挂系统”。其功用是连接和牵引农机具,操纵农机具的升降,控制农机具的耕作深度或提升高度,使拖拉机驱动轮增重,以改善拖拉机的附着性能,把液压能输出到作业机械上进行其他操作。

由于液压悬挂机组比牵引机组操纵方便，机动性高，便于自动调节耕深，能提高牵引性能和劳动生产率，因此目前国产轮式拖拉机普遍采用液压悬挂方式来连接农机具。

①液压系统的组成。拖拉机上液压悬挂系统由液压系统、悬挂系统和操作机构组成(如图 2-39)。

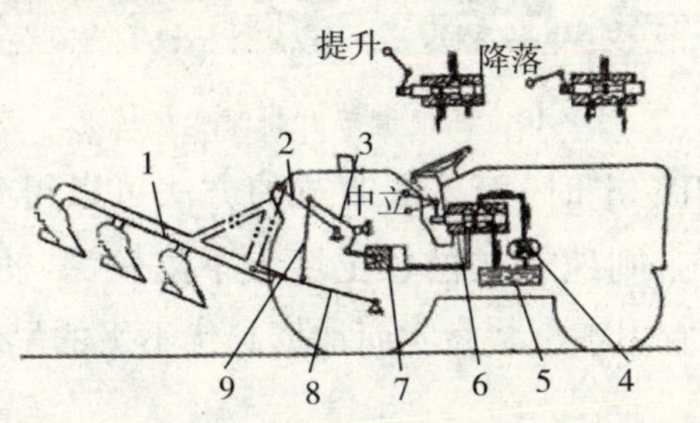

1. 农具;2. 上拉杆;3. 提升臂;4. 油泵;5. 油箱;6. 主控制阀;7. 油缸;8. 下拉杆;9. 提升臂

图 2-39　液压悬挂装置简图

液压系统是提升农机具的动力装置，它由油缸、油泵、油箱、主控制阀，以及其他阀门、油管、接头、滤清器等组成。

悬挂机构是与农机具连接的杆件机构，用来悬挂农机具并在液压力作用下升降农机具。其主要由限位链、上拉杆、下拉杆以及左、右提升杆和左、右提升臂等组成。

操纵机构用以操纵液压分配器的主控阀，使主控阀处于“提升”、“下降”或“中立”等位置。它包括操纵手柄和自动控制机构。

②悬挂农机具的耕深调节方法。悬挂机工作时，首先应满足耕深均匀的需要，其次要求发动机负荷波动不大，不影响机组的生产率。但在实际耕作过程中，田间土壤比阻变化和地面不平等原因，使耕深发生变化，并使发动机负荷产生波动。因此，必须配置合适的调节装置，以适应土壤比阻和地面形状的变化，使耕深基本均匀、发动机负荷平稳。国产拖拉机采用高度调节、力调节和位调节三种耕深控制方法。

• 高度调节。农机具靠地轮对地面的仿形来维持耕深，只要改变地轮与农机具工作部件底平面之间的相对位置，就可以改变耕深。如图 2-40所示。

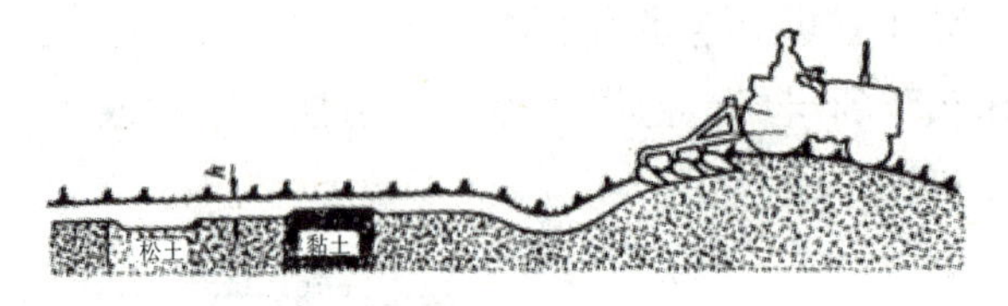

图 2-40　高度调节时耕深变化情况

当土壤比阻一定时，用高度调节的方法可以得到均匀的耕深。如果土质不均匀，则地轮在松软土壤上下陷较深，使耕深增加。因此，高度调节法宜用于土壤坚实而地形起伏不平的旱地作业，不宜用于水田作业。

• 力调节。农机具靠油缸中油压维持在某一工作状态，并有相应的牵引阻力。牵引阻力的变化可通过力调节传感机构，迅速反应到液压系统，适时升降农机具，使牵引阻力基本上保持一定，因而发动机负荷波动不大，但耕深不均匀。如图 2-41所示。

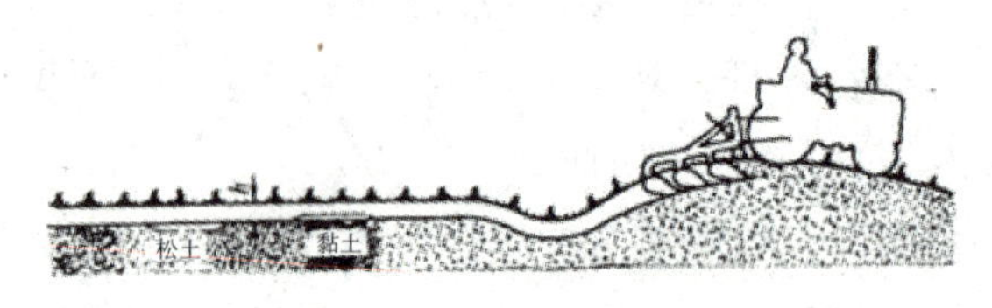

图 2-41　力调节时耕深变化情况

力调节时，农机具不用地轮，减少了农机具的阻力，并对拖拉机驱动轮有增重作用，提高拖拉机的牵引附着性能。

• 位调节。农机具靠液压悬吊在一定位置，这个位置可由驾驶员移动操纵手柄任意选定。在工作过程中，农机具相对于拖拉机的位置是固定不变的。如图 2-42所示。

图 2-42　位调节时耕深变化情况

位调节时，如地面平坦，但土质变化较大，则耕深还是均匀一致的。如果牵引阻力变化大，使发动机负荷产生波动，则耕深不均匀。如地面起伏不平，随着拖拉机的倾斜起伏，则会使耕深很不均匀。位调节一般用于要求保持一定离地高度的农机具，不适用于耕地。

7.拖拉机电气设备

电气设备是拖拉机的重要组成部分，其功用是起动发动机、发出安全信号以及供夜间作业时照明等。拖拉机电气设备的特点是：采用低压电源（12 伏或 24 伏）；电气设备与电源并联；采用单线制。拖拉机电气设备由电源设备和用电设备组成，如图 2-43所示。

(1)电源设备　拖拉机电源设备的功用是向各用电设备提供符合要求的电源。电源设备有直流和交流两种。轮式拖拉机和农用运输车普遍采用直流电源，履带式和手扶拖拉机普遍采用交流电源。

①交流电源是车用交流发电机，一般为永磁转子式发电机，它主要由定子和转子两部分组成。电压为 6 伏或 12 伏，用 A、B、C、M 四个接线柱将电源引出。一般标有 M 符号的接线柱为公共端，经开关搭铁。其他三个接线柱可分别接照明灯或方向灯等，如图 2-44所示。

永磁交流发电机工作时，不需配用电压调节器和电流调节器等设备。但是，当发动机在低转速工作时，灯光不亮；发动机发生故障而熄火时，照明灯也随之熄灭。

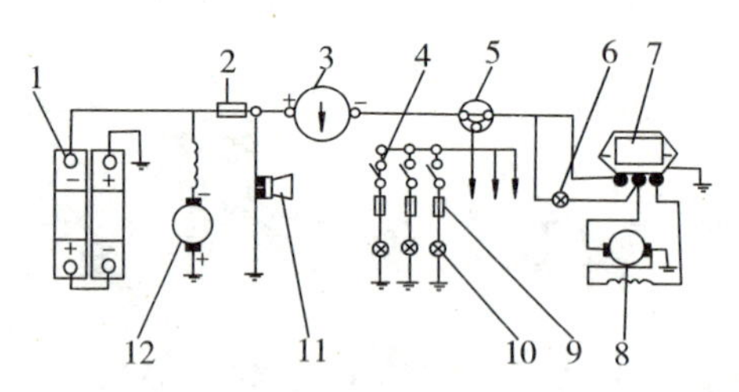

1. 蓄电池；2. 双金属片保护器；3. 电流表；4. 灯丝开关；5. 起动开关；6. 充电指示灯

7. 调节器；8. 发电机；9. 保险丝；10. 灯；11. 喇叭；12. 起动电机

图 2-43　拖拉机的电气设备

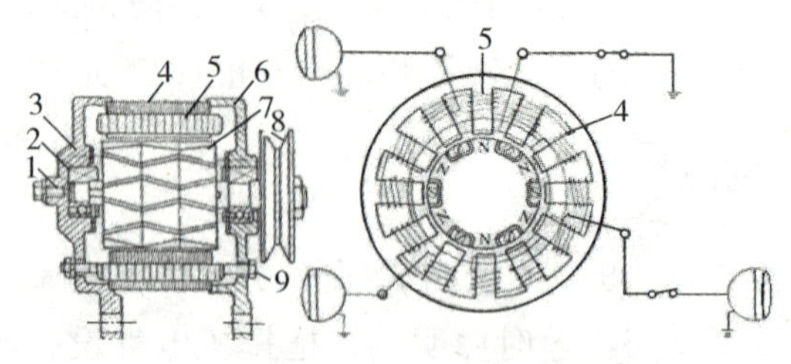

a. 结构图　　　　　　b. 接线示意图

1. 轴；2. 轴承；3. 后端盖；4. 定子铁芯；5. 定子绕组

6. 前端盖；7. 转子；8. 皮带轮；9. 螺栓

图 2-44　永磁交流发电机

②直流电源包括蓄电池、直流发电机和三联调节器。

• 蓄电池：又叫“电瓶”，是一种化学电源。它能把电能转化为化学能储存起来，用时再将化学能转变为电能输出。其功用是为发动机起动时供电。在发动机起动前，可作为电源供电照明；发动机工作时，带动发电机工作，向蓄电池充电。蓄电池放电时化学能转化为电能，这时蓄电池内电解液浓度降低，比重减小；充电时电能又转化为化学能，电解液浓度升高，比重增加。一般电解液的浓度为 1.25 ～1.30摩尔/升。

• 直流发电机：功用是为用电设备供电和向蓄电池充电。主要由定子、转子（电枢）、炭刷和端盖等组成。发电机外壳上常引出电枢、磁场和搭铁三个接线柱。

• 三联调节器:由于发电机的输出电压随发电机的转速而变化，所以为使直流发电机和蓄电池之间能正常工作,在二者之间安装一种自动调节装置,这种装置被称为“三联调节器”。调节器由调压器、限流器和截流器三部分组成(如图 2-45)。

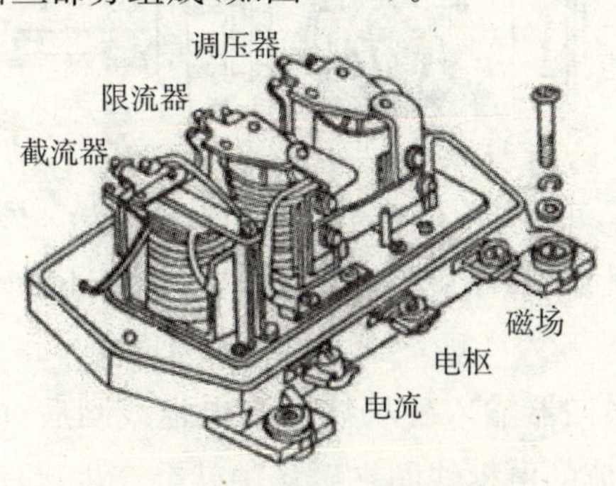

图 2-45 三联调节器结构简图

调压器的功用是在发电机转速变化时,自动调节发电机的输出电压,使其维持在一定的范围内,以防电压过高烧坏用电设备;限流器的功用是限制发电机的最大输出电流,防止发电机过载而烧毁;截流器的功用是只允许发电机的电流流向蓄电池(充电),不允许蓄电池的电流流向发电机。

(2)用电设备 拖拉机用电设备的功用是为拖拉机提供发动机起动动力以及照明、预热和各种信号灯所需的电力。交流电源电路中的用电设备主要是照明设备。直流电源电路中的用电设备除起动电机以外,还有照明设备、预热器、电喇叭、电气仪表等。

①起动电机。起动电机是把电能转换为机械能的直流电动机，用于拖拉机发动机的起动。起动电机主要由电机部分、驱动机构和起动开关组成,如图 2-46所示。

电动机部分由磁极、电枢(又称“转子”)和换向器等组成。起动电机多为串激式直流电动机,即磁场线圈和电枢线圈串联。当蓄电

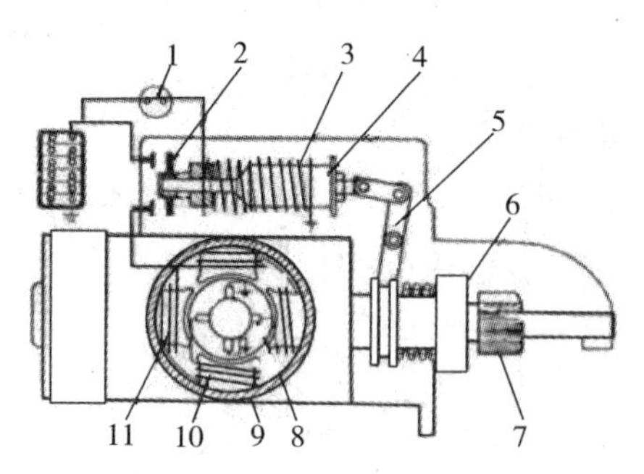

1. 起动开关;2. 电磁开关;3. 电磁开关线圈;4. 铁芯;5. 拨叉;6. 单向离合器
7. 驱动齿轮;8. 碳刷;9. 起动机机体;10,11. 励磁绕组

图 2-46　起动电机简图

池的电能通过换向器输入磁场线圈和电枢线圈后,电机的磁极就产生磁场,通有电流的电枢线圈在磁场中就会产生运动,于是电枢就旋转起来。

驱动机构是电机工作时电枢轴与飞轮齿圈间的连接机构,主要由单向接合器和驱动齿轮组成。单向接合器只能单向传递扭矩,即起动时可将电机的扭矩传给飞轮;发动机起动后,飞轮反过来以高速带动电机旋转时,接合器可以自动切断飞轮与电机的联系。

起动开关控制蓄电池与起动电机电路的通断。开关与驱动机构间用杠杆(即拨叉)连接,两者协调配合工作。在拖拉机上常用电磁式起动开关,起动时闭合起动开关,蓄电池的电流通过电磁开关线圈,线圈内产生磁场,将磁铁吸向左边,通过拨叉将电机轴右端的驱动齿轮向右推移,与飞轮上的齿圈啮合;同时,铁芯左端的电磁开关接通蓄电池与起动电机,于是电机旋转起动发动机;起动完毕,断开起动开关,电磁开关线圈内没有电流通过,磁场消失,铁芯在弹力的作用下右移回位。此时,电磁开关断开,电机停转,驱动齿轮左移退出与飞轮的啮合。

②照明设备。拖拉机上的照明设备有前灯、后灯、仪表灯及农具上的照明用灯等。在轮式拖拉机上还装有刹车灯,当拖拉机制动时

刹车灯亮，提醒行人及车辆注意。

③电喇叭。拖拉机上常采用的音响信号设备是电磁振动式电喇叭。

④预热器。柴油机在低温时起动比较困难，因此，在柴油机进气支管上常装有预热器，利用电阻丝点燃少量柴油，预热进入气缸的空气，从而有利于起动。

⑤电气仪表。拖拉机上的电气仪表主要有机油压力表、水温表和电流表。机油压力表用来指示主油道中的油压，它是利用双金属片受电流加热时发生弯曲的原理使指针偏转，从而指示机油压力；水温表用来指示发动机冷却水的温度，它由装在仪表盘上的表头和装在发动机水套内的感应塞组成，其工作原理与电热式机油压力表大致相同；电流表一般采用电磁式，用来指示蓄电池充电或放电的电流值，并监视充电电路的技术状态和用电设备的工作是否正常。

二、拖拉机的驾驶操作

1.新车磨合

新的或经过大修的拖拉机，在投入正常的负荷工作以前，需按一定的润滑、负荷和速度规范进行磨合，以改善配合关系，延长寿命。磨合内容有：

①试运转前着重检查漏装、缺件的情况；检查外部螺栓、螺母是否拧紧；检查三角皮带紧度、轮胎气压，并加足燃油、冷却水和润滑油等。

②发动机起动后，以中速运转一段时间热车，使水温上升到40℃以上，然后在不同转速下检查发动机技术状态。注意各指示仪表的读数，特别应注意声音、机油压力、排气冒烟颜色及漏水、漏油、漏气等情况。空运转磨合 2～3 小时，内燃机起动后以低速运转 0.5 小时，中速运转 1～2 小时，额定转速运转 0.5 小时。

③液压悬挂系统的试运转一般以悬挂犁为重量，操作手柄反复升降多次，进行磨合。注意升降过程是否平稳，有无抖动，提升速度是否正常，停升是否适时等情况。

④拖拉机的负荷试运转，结合作业进行，逐级增加负荷，并按各档顺序进行磨合。一般以1/3负荷、1/2负荷和全部负荷进行工作各10小时左右。磨合期间，除应按保养要求进行每班技术保养外，还应注意发动机、底盘等部分的情况。

⑤磨合后的技术保养，待负荷磨合结束，趁热放出油底壳中的机油和底盘中的齿轮油，清洗油底壳和润滑系统零件，清洁柴油滤清器和空气滤清器，清洗冷却系统；然后在底盘中加入适量的轻柴油，空车低挡行驶几分钟进行清洗，停车后放出清洗油，重新加入清洁齿轮油。清洗完毕，再进行各部分润滑，拧紧由于运转、摩擦、震动和负荷的变化引起松动的螺栓，并检查调整各部分间隙和行程。

最后，在机车档案上详细记录磨合中发生的故障和其他需记录的情况。机车档案每台拖拉机一本，专门记录拖拉机的使用维修等情况。

2.启动前准备

①出车前检查并拧紧拖拉机各部件的连接螺钉。

②按每班保养要求，做好清洁、润滑，检查燃油、润滑油和水面，不足时应添加。

③检查电、照明和信号装置是否正常。

④检查轮胎气压，不足时充气至规定压力。

⑤检查是否带好随车工具等。

⑥把变速杆放在空挡位置，喷油泵停供，拉杆放回供油位置，液压悬挂系统和动力输出轴手柄放在不工作位置，油门放在中间位置。

⑦常温起动时。扭开电锁，将起动旋钮转至“起动”位置，待发动机起动后，立即旋至原位。冬季起动时，一方面可用热水预热机体；

另一方面还可以利用预热装置和减压机构帮助起动发动机。手摇和小汽油机辅助起动的拖拉机也应采取相应措施起动发动机。

⑧运行与停车:起动后应减小油门,低速运转几分钟,如运行正常,可逐渐提高转速。等冷却水温度达到 45°C 时,方可起步进行负荷作业。运行中应随时倾听声音并观察各仪表指示读数是否正常。

3.拖拉机操作要点

(1)起步　起步时要检查机车附近有无人和其他障碍物,并发出安全信号。当发动机起动运行正常后方可起步。首先将离合器踏板(手柄)分离到底,变速杆挂入适当挡位,同时依负荷大小适当控制"油门"。与此同时,一面松开制动,一面接合离合器。开始宜快,当接合时酌情放慢,使起步平稳又不至于在下坡地起步时前溜或上坡起步时倒退。行驶中不准将脚放在离合器踏板上。为了安全,必须自觉遵守交通规则和机务规则。

(2)换挡　拖拉机在田间作业一般只能停车换挡,在公路上行驶时,可以不停车换挡。但高挡换成低挡时,需用"两脚离合器换挡法"换挡,操作步骤如下:减油门－踩下离合器－高档挂入空挡－放松离合器－加油门－踩离合器－减油门－挂入低挡。

另外,拖拉机在重载下陡坡时,不应中途换挡,因为一旦挂入空挡,拖拉机容易失去控制,车速就会不断升高,往往无法再挂入排挡,容易造成重大事故。

(3)转向　手扶拖拉机,只要握住某一边转向手把就可以达到向某一边转向的目的,转向后应立即放松转向手把;轮式拖拉机是通过操纵方向盘来实现转向的;履带式拖拉机的转向是操纵转向拉杆并通过转向离合器分离或接合驱动轮动力的作用来实现的。

拖拉机转弯时必须低速行驶,严禁高速急拐弯,以免发生事故。带拖车或牵引农机具转弯时,拖拉机要尽量靠弯道的外侧行驶,以免转向时拖车向里偏斜,轮子掉进沟中;手扶拖拉机下陡坡时,转向操作应与平地相反。

(4)制动、倒车 拖拉机在行驶中如发现突然情况须立即减速或停车，此时可以采取制动办法。制动时应依次踩下离合器和制动踏板，当紧急刹车时可同时踩下。一般不得单独踩下制动踏板，否则将造成发动机熄火，同时加剧制动器摩擦片的磨损。拖拉机倒车时，需低速小油门。

(5)拖拉机停车熄火 拖拉机停车要选择适当的地点，不但要保证安全，还要不影响交通和便于出车。停车后，在发动机熄火前，驾驶员不得离开机车；需要离开时应熄火并锁定制动踏板，切断电源。坡地停车时，在轮胎下面要加垫楔三角木或石块，将变速杆置于低档。

寒冷季节，停车熄火后，待水温降至 50～60℃时，打开水箱盖和机体上的放水阀，放净冷却水，并摇转曲轴排出水泵里的存水，以防冻裂。露天存放时，排气管应加以遮盖，以防雨水滴入。

4.拖拉机的使用注意事项

①驾驶拖拉机需要经过专门的训练，掌握开车技巧，熟悉交通规则，并通过“应知”、“应会”考试合格，领取驾驶证才能驾驶。无证开车和酒后开车都是违法的，应严格禁止。

②严禁驾驶时吸烟或交谈。

③驾驶员应经常注意拖拉机仪表板上各仪表指示的读数是否正常，发现不正常情况应停车检查并及时排除。

④拖拉机行驶时，不允许下坡挂空挡滑行或分离离合器下坡；不允许高速急转弯；不允许用半联动降速，以免增加离合器磨损；不允许高速穿越市镇、窄路、交叉路口和桥梁等地区，以免发生事故。

⑤拖拉机进行作业时，严禁跳上跳下；夜间作业必须有良好的照明。作业中发现故障，必须将发动机熄灭后再进行排除。

⑥在复杂道路条件下，如城市道路、夜路、山路、泥泞路、冰雪地

等，以及在特殊条件下，如横坡耕作、过沟渠、过田埂等，驾驶需谨慎。

⑦当忘了加冷却水导致发动机工作过热时，切忌急速加冷却水，否则易使气缸体、气缸盖等零部件裂损。应立即卸负荷低速空转降温，待发动机温度正常后再加冷却水。夏季如发现发动机过热，也应低速空转降温，或停车休息，但此时不能马上打开水箱盖加水冷却，以免蒸气伤人。

⑧水田作业时，如拖拉机翘头，应立即踩下离合器、切断动力，使前轮下落，以免造成翻车事故。

⑨为确保安全生产，驾驶员必须遵守机务规章和交通规则。

三、拖拉机的技术保养

1.拖拉机的保养周期

保养周期有两种计算方法：

①按拖拉机的工作小时计算：规定拖拉机在工作一定时间（小时）后就要进行保养。

②按拖拉机的主燃油消耗量计算：规定发动机在消耗了一定数量的主燃油后就要进行保养。按主燃油计算保养周期时，保养周期内应消耗的主燃油等于制造厂规定的保养周期小时数乘以拖拉机的平均小时耗油量。平均小时耗油量是在充分考虑了拖拉机的平均负荷和班内空行及空转等工况后确定的。当该机型的生产厂无具体规定时，一般取标定小时耗油量的60%～70%。

2.拖拉机的技术保养规程

根据零部件的使用情况，确定拖拉机零部件工作性能指标的恶化极限值，然后根据工作性能指标的恶化规律，通过科学试验和统计调查，确定主要零部件工作性能指标恶化到极限值时所经历的时间，并将其作为零部件技术保养周期，由短而长地排列、归纳，组成若干个保养号别。把保养号别、周期和内容用条款形式固定下来,就形成了技术保养规程。技术保养规程是对农业机械进行技术保养的技术法规。

3.拖拉机的班保养和定期保养

拖拉机的技术保养分为班保养和定期保养两种。班保养是在每班工作开始或结束时进行;定期保养是在拖拉机工作一定时间间隔之后进行。目前,在国内实行两种定期保养制度:一种是四号五级保养制,即班次保养、一号保养、二号保养、三号保养、四号保养;另一种是三号四级保养制,即班次保养、一号保养、二号保养、三号保养(或高号保养)。拖拉机三号四级保养和定期修理周期,见表2-1。

表2-1 拖拉机三号四级保养和定期修理周期

分级	班次	一号	二号	三号	定期修理
周期(小时)	8~10	100	400	1200~1600	2400~3200

(1)拖拉机班次保养内容

①清除拖拉机外部油泥、尘土,应特别注意加油口,并清除行走部分堵塞的草秆和泥块。

②检查并拧紧各处螺钉、螺母。

③按照拖拉机使用说明书润滑图表要求,检查油位并润滑各保养点。

④检查发动机及底盘各部分的运转情况,以及各仪表工作是否正常,操纵机构是否良好。

⑤检查风扇皮带张紧度,履带下垂度,必要时进行调整。

⑥检查空气粗滤器积尘杯中的灰尘,灰尘达到积尘杯容积的1/2时,要倒掉。

⑦检查水箱水位,必要时应添加。

(2)拖拉机一号保养内容　一号保养除完成“班次保养”项目外，还需增加以下项目(具体机型应按该拖拉机使用说明书规定进行)：

①清洗机油粗滤器。

②放出转向离合器和飞轮壳内的渗漏积油。

③检查主离合器、制动器踏板和转向离合器操纵杆的自由行程，必要时进行调整。

④对沉淀器代替粗滤器的机型，如发现沉淀器内沉积水或污物达杯子的1/3～1/2时，要及时清除。

⑤液压系统，像提升臂与油缸顶杆的连接套、中央拉杆回转铰链和上轴的黄油嘴中，都应注入润滑脂，必须将陈旧的润滑脂全部挤出，直到端缝挤出新润滑脂为止。

(3)拖拉机二号保养内容　二号技术保养除完成“一号保养”项目外，还需增加以下项目(具体机型应按该拖拉机使用说明书规定进行)：

①清洗机油细滤器。

②更换发动机、喷油泵、调速器的润滑油。此项工作应在热车时进行。

③柴油滤清器如果是纸质滤芯，不允许清洗，需更换。

④清洗空气滤清器泡沫滤芯。把泡沫滤芯放入煤油或轻柴油中轻轻挤揉，洗去污物，清洗后吹干再装回。

⑤检查蓄电池电解液面高度，液面应高出防护板10～15毫米，不足时应及时添加蒸馏水。

⑥清洗启动机油箱沉淀杯和化油器浮子室滤网。

⑦清洗液压系统并更换液压油。

(4)拖拉机三号保养内容

①完成班保养和一、二号技术保养的全部项目。

②彻底清洗空气滤清器，取下空气滤清器的油盘，取出下滤芯，拆下空气滤清器本体，用清洁的柴油清洗本体和下滤芯，更换油盘内

机油，然后装回。

③检查、清洗燃油滤清器及其纸滤芯。如发现纸滤芯被水浸湿，应倒净壳体中的水，并晒干纸滤芯；发现纸滤芯有破裂、穿孔、脱胶和腐烂等问题时，应更换。

④清洗润滑系统。

⑤检查喷油器的喷射压力和雾化质量。正常的喷油器喷出的燃油应呈雾状，不夹带油滴，断油干脆，没有滴油现象，喷射压力符合规定。如不合要求，可松开针阀体的锁紧螺母，清除积炭，并在柴油中清洗或调整研磨，必要时予以更换。

⑥清洗机油滤清器并更换机油滤芯。

⑦检查喷油泵供油提前角。

⑧检查离合器、制动器的踏板自由行程，以及转向盘的自由行程，并调整到规定的数值。

4.拖拉机使用中的检查调整

(1)喷油泵供油起始角的检查调整　喷油泵凸轮的供油起始角应符合原厂规定，各缸相差应不大于0.5°；若供油起始角不符合要求，应进行检查调整。方法是将操纵手柄放在最大供油位置，转动凸轮轴，观测高压油管出口处液面开始波动瞬间所对应的角度，该角度即是该泵的供油起始角。如此值超限，表明滚轮体高度不正确，应通过更换调整垫块的方法来调整。

(2)方向盘自由行程的检查调整　在实际使用中常采用方向盘自由行程来判断转向操纵机构总成的技术状况。影响方向盘自由行程的主要因素有：转向扇形齿轮的啮合间隙、固定销与转向螺母之间的配合状况、转向轴轴向游隙和纵拉杆球接头的间隙等。

拖拉机方向盘自由行程正常值应为左右方向各不大于15°，过大，则会引起连接件的磨损加剧，影响转向系在工作中的可靠性；过小，则行驶时驾驶操纵方向困难。使用中当超过25°时，应加以调整。

调整方法如下：

①调整前应先检查前轮轴承、转向主销与衬套间的配合间隙，如过大，应予消除。检查纵拉杆、转向臂和转向摇臂是否变形、松动，如有，则应予消除。

②转向器轴止推轴承的调整：止推轴承间隙过大，将引起转向轴的轴向窜动。检查时用手握住方向盘，并沿其轴向推拉。如轴向间隙过大，应予调整。调整时拆下方向盘，打开保险垫片，然后松开螺母，用扳手旋转转向轴滚珠上座，待间隙消除后再将螺母拧紧，锁好保险垫片，装上方向盘。

③固定销与转向螺母的调整：当固定销头部和转向螺母连接处由于磨损而间隙增大时，方向盘会产生松动现象，可以通过改变固定销与扇形齿传动轴连接处的垫片的厚度来调整间隙。调整方法如下：松开固定销的螺栓，抽去垫片，将固定销和转向螺母的配合调整到无间隙，但又能用很小的力矩转动转向螺母。

(3)离合器踏板自由行程的检查调整

①离合器自由间隙的检查调整。检查前应松放离合器踏板，把厚薄规塞入分离杠杆的球头与松放轴承之间，测量此间隙值，如间隙值不符合要求，则进行如下调整：

松开锁紧螺母，依次调整 3 个分离杠杆上的调整螺母。拧紧螺母，则使自由间隙减少；相反，松退螺母，则使自由间隙增大。

间隙均达到要求，锁住锁紧螺母，调整后应使各分离杠杆的端面处在同一平面内。

②离合器踏板自由行程的检查与调整。

离合器自由间隙正常时，踏板行程应在规定范围内。若不符，松开拉杆，锁紧螺母，转动拉杆，改变其工作长度，直到自由行程符合要求。

(4)制动器踏板自由行程的调整　通过改变操纵机构中可调拉杆的长度进行调整。调整时，松开锁紧螺母，转动调节叉或调节螺母,即可改变拉杆的工作程度。调整后拖拉机左、右制动器踏板的自由行程必须一致。

四、拖拉机的故障与维修

1.柴油机常见的故障及其排除方法

柴油机常见的故障及其排除方法见表 2-2所示。

表 2-2　柴油机常见故障及其排除方法

故障现象	故障原因	排除方法
不能起动	冬季起动时未经预热; 喷油压力过低,柴油雾化不良; 供油提前角过大或过小; 减压机构间隙过小; 气门间隙过小; 活塞环和气缸磨损非常严重; 空气滤清器严重堵塞,进气不足; 柴油滤清器严重堵塞,供油不足; 喷油器针阀卡止在封闭状态,不能喷油; 正时齿轮记号没有对准。	先预热 3～5 分钟; 调整喷油泵弹簧预紧力; 调整供油提前角; 调整减压机构间隙; 调整气门间隙; 更换活塞环或镗缸; 清除或更换空气滤清器; 清除或更换柴油滤清器; 调整或更换喷油器; 重新按记号安装正时齿轮。
功率不足	柴油滤清器堵塞,使供油不足; 空气滤清器堵塞,使供气不足; 柱塞副或出油阀磨损,使供油压力过低; 供油提前角较大或较小; 喷油压力偏低,柴油雾化不良; 气门间隙偏大或偏小,配气时不正常; 活塞、活塞环、气缸和气门磨损严重; 油量调节机构安装不正确; 调速弹簧弹力不足。	清理或更换柴油滤清器; 清理或更换空气滤清器; 更换柱塞副或出油阀; 调整供油提前角; 调整喷油泵弹簧预紧力; 调整气门间隙和配气相位; 更换活塞环和气门,修磨气缸; 调整喷油泵油量调节机构安装位置; 更换调速弹簧。

续表

故障现象	故障原因	排除方法
自行熄火	工作机械阻力增大,严重超负荷; 柴油机润滑系统供油不足而出现抱轴; 燃油道堵塞或油箱缺油; 柱塞弹簧折断、柱塞卡止在停供位置或喷油器针阀卡止在封闭喷孔位置。	及时减少工作负荷; 检修润滑系统,修复曲轴; 清理油道或添加燃油; 更换柱塞副。
排气管冒黑烟	喷油器喷射压力过低; 针阀磨损,封闭不严; 空气滤清器堵塞,进气不足; 气门、气缸漏气; 供油提前角过大或过小。	调整喷油器调压弹簧弹力; 更换针阀副; 清理或更换空气滤清器; 磨修气门和气缸; 调整供油提前角。
排气管冒蓝烟	活塞环磨损; 气门导管间隙过大; 活塞环对口,或扭转环或锥形环装反。	更换活塞环; 更换气门导管; 重新安装活塞环。
柴油机运转不稳	调速器主要零件磨损和运动不灵活; 燃油中有水; 调速弹簧太软	更换磨损零件; 更换燃油; 更换调速弹簧。
柴油机飞车	喷油泵油量调节机构脱开; 加速踏板拉杆或油量调节机构卡滞; 柱塞弹簧折断或柱塞卡在高速位置; 调速器高速限位螺钉调整不当; 调速器内润滑油过多; 调速器杠杆、销子或飞块脱落; 调速器弹簧折断或弹力下降。	重新安装调整; 进行调整和润滑; 更换或调整柱塞; 调整调速器高速限位螺钉位置; 减少调速器内润滑油; 重新连接; 更换调速器弹簧。

2.拖拉机常见的故障及其排除方法

拖拉机常见的故障及其排除方法见表 2-3所示。

表 2-3　拖拉机常见的故障及其排除方法

故障现象	故障原因	排除方法
离合器打滑	离合片沾有油污； 摩擦衬片磨损过度； 离合器弹簧弹力不足或折断； 离合器间隙过小。	清洗离合片； 更换摩擦衬片； 更换离合器弹簧； 调整离合器间隙。
离合器分离不彻底	离合器间隙过大。	调小离合器间隙。
挂不上挡	离合器间隙过大； 齿轮端面打毛； 拨叉变形或变速杆变形。	调小离合器间隙； 锉修齿轮端面； 校正拨叉和变速杆。
自动脱挡	锁定机构弹簧变形或折断； 锁定钢球和定位凹槽磨损； 变速齿轮轮齿磨损严重； 变速箱轴支撑轴承严重磨损。	更换锁定机构弹簧； 更换钢球，修整拨叉轴定位凹槽； 整修轮齿； 更换支撑轴承。
自动跑偏	左右两边轮胎气压不等； 一边车轮制动器间隙过小。	充气使两边轮胎气压相等； 调整制动器间隙。
制动跑偏	两边制动器间隙不一致； 一边制动器沾有油污。	调整制动器间隙； 清洗制动蹄和制动鼓。
转向不灵	制动器间隙过大； 制动器沾有油污； 制动蹄片磨损过度； 制动鼓磨损不均匀或变形	调整制动器间隙或制板自由行程； 清洗制动器； 重铆制动蹄摩擦衬片； 车削修整制动鼓。
不能提升农具	油泵严重磨损； 单向阀封闭不严； 操纵阀严重磨损； 油缸活塞的密封环严重损坏。	更换油泵； 研磨单向阀； 研磨或更换操纵阀； 更换油缸活塞密封环。

第三章

耕作机械使用与维修

一、土壤耕作的农业技术要求

1. 耕地的农艺技术要求

①农时期间，在土壤干湿适宜时耕翻，耕深符合农艺要求，深度均匀一致。

②翻垡良好，残茬和杂草覆盖严密。

③碎土均匀，耕后地表和沟底要平，水田耕翻应使垡片相互架空，以利晒垡。

④坡地耕翻要沿坡度等高线进行，以防雨水冲刷。

⑤不重耕、无漏耕，地头、地边要整齐，开闭垄尽量少。

2. 整地的农艺技术要求

①整地及时，以利防旱保墒，整地作业深度应符合农艺要求，深度均匀一致。

②表层土壤细碎、松软，下层土壤密实。

③地面平整，无垄沟起伏，不漏耙、少重耙。

④水田整地要求碎土起浆好，能覆盖绿肥和杂草，能充分搅混土

壤和肥料。

二、犁的使用与维修

犁是传统的耕地机械，其中铧式犁使用最为广泛。按与拖拉机的挂接方式不同，铧式犁分为牵引犁、悬挂犁和半悬挂犁三种类型。目前，常用的是铧式悬挂犁和铧式牵引犁。

1.铧式犁的构造和工作过程

铧式悬挂犁一般由主犁体、犁架、犁刀、悬挂轴、调节机构和限深轮等组成（如图 3-1）。

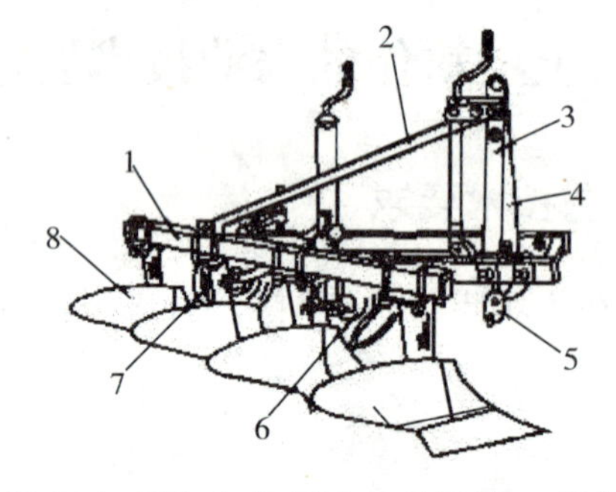

1. 犁架；2. 中央支杆；3. 左支杆；4. 右支杆；5. 悬挂轴；6. 限深轮；7. 犁刀；8. 犁体

图 3-1 铧式悬挂犁的一般构造

工作时，利用拖拉机的液压悬挂机构（悬挂犁）或犁组的起落机构（牵引犁）控制犁架下落，使犁体入土，将土壤沿垂直和水平两个方向切开，形成一定耕深和耕宽的土垡；犁体继续前进，土垡沿犁壁曲面升起，受挤压、推移和扭转的作用而使土垡松碎，并向犁沟方向翻转，达到耕地的基本要求。

铧式牵引犁一般由主犁体、犁架、地轮、尾轮、沟轮、调节机构和牵引杆等组成（如图 3-2）。

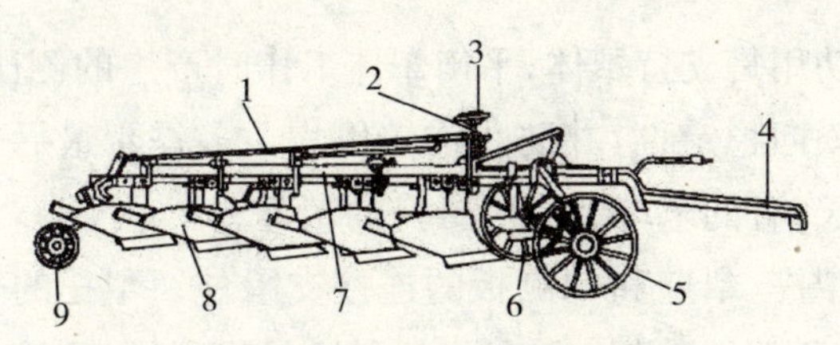

1. 尾轮拉杆；2. 水平调节手轮；3. 深浅调节手轮；4. 牵引杆；
5. 沟轮；6. 地轮；7. 犁架；8. 犁体；9. 尾轮

图 3-2　铧式牵引犁的一般构造

牵引犁与拖拉机间单点挂接，拖拉机的挂接装置对犁只起牵引作用，在工作或运输时，其重量均由本身具有的轮子承受。耕地时，借助机械或液压机构来控制地轮相对犁体的高度，从而达到控制耕深的目的。

2. 铧式犁的主要工作部件

(1)主犁体　主犁体是完成耕翻的主要工作部件，由犁铧、犁壁、犁托、犁柱和犁侧板等组成(如图 3-3)。

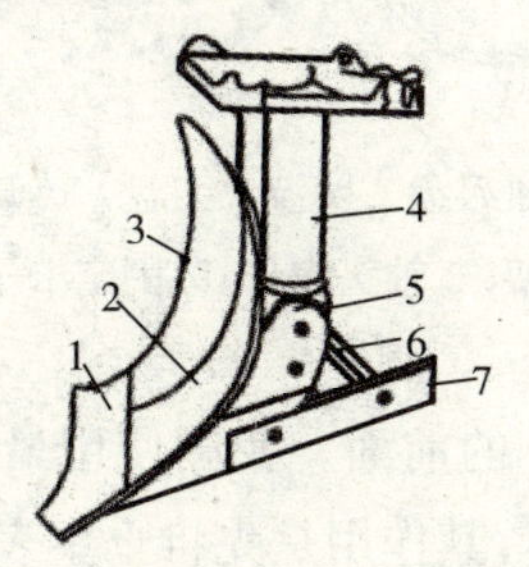

1. 犁铧；2. 前犁壁；3. 后犁壁；4. 犁柱；5. 犁托；6. 撑杆；7. 犁侧板

图 3-3　主犁体

犁铧又称"犁铲"，其作用是插入土壤，切开和抬起土垡，并将其送往犁壁。

犁壁是犁体工作曲面的主要部分，位于犁铧的后上方，起翻土和碎土作用。

犁侧板又称"犁床"，安装在犁体左侧的后下方，耕作时紧贴着沟墙滑行。其功用是支持犁体，平衡犁体工作时产生的侧压力，保证犁体工作中的横向稳定性，并防止沟墙倒塌。多铧犁最后一个主犁体的犁侧板较长，有的末端装有可更换的犁踵。

犁托是犁铧、犁壁和犁侧板的连接支承件。犁托的表面应与犁铧、犁壁的背面紧贴，并安装牢固。犁柱是将犁铧、犁壁和犁侧板连接在一起的支柱，也是犁体与犁架的连接件和传力件，下端固定犁托，上端用U形螺栓和犁架相连。

(2)犁刀和小前犁 犁刀安装在主犁体的前方，其作用是沿主犁体胫刃线切出整齐的沟墙，以减少主犁体的阻力和减轻胫刃部分的磨损，并有切断杂草残茬、改善覆盖质量的作用。一般机力犁多采用圆犁刀(如图3-4)。

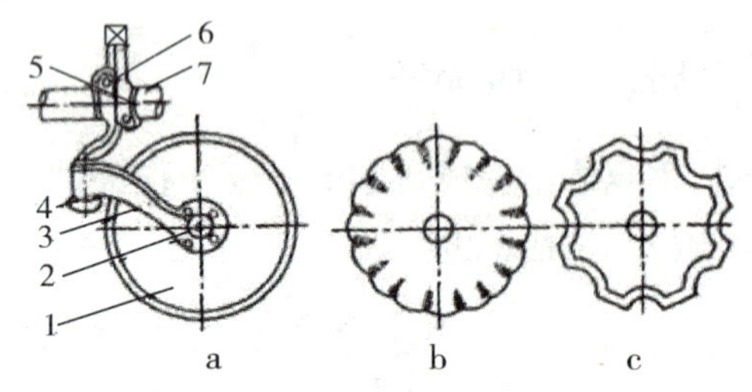

a. 普通刀盘 b. 波纹刀盘 c. 缺口刀盘

1. 刀盘;2. 盘毂;3. 叉架;4. 轴头螺母;5. 固定卡子;6. 犁刀轴柄;7. 犁架

图3-4 圆犁刀

小前犁装在主犁体的前面。我国使用最多的是铧式小前犁，结构类似于铧式犁主犁体，其作用是先将土垡表层的部分土壤、杂草和肥料切出翻转，然后主犁体再将整个土垡切出翻转，将小土垡覆盖于沟底，以提高覆盖质量。在杂草少、土壤疏松地区，可不用小前犁。

(3)牵引和悬挂装置 牵引装置将拖拉机与犁相连，实现犁与拖拉机的挂接。它主要由主拉杆、斜拉杆、横拉杆、挂钩和安全器等组成(如图3-5)。

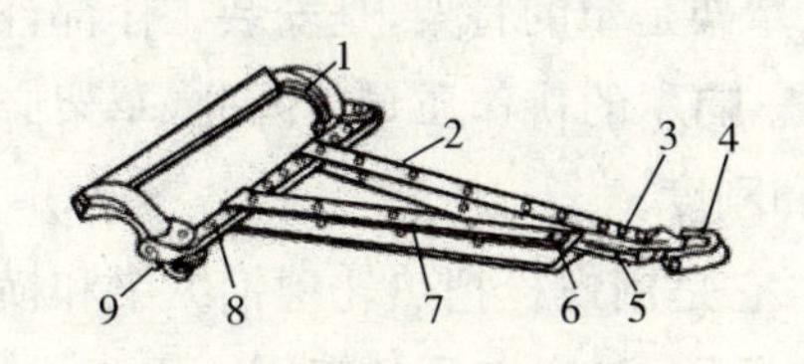

1.犁梁;2.主拉杆;3.销;4.挂钩;5.安全器;
6.连接板;7.斜拉杆;8.横拉杆;9.耳环

图 3-5　牵引装置

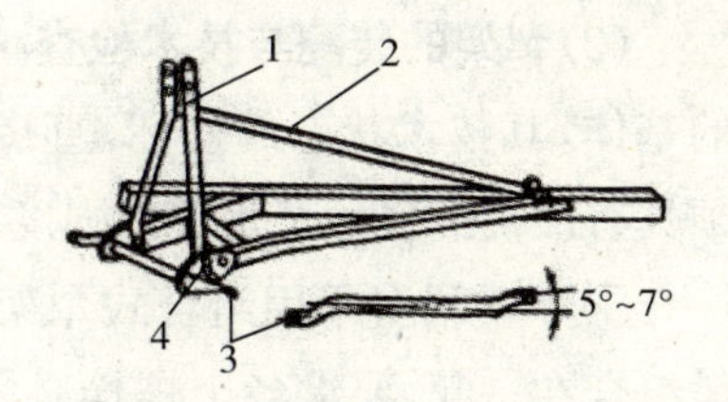

1.悬挂架;2.斜撑杆;3.悬挂轴;4.牵引板

图 3-6　悬挂架

悬挂犁通过悬挂装置与拖拉机液压悬挂机构相连接。悬挂装置主要由悬挂架和悬挂轴组成(如图 3-6)。

3.铧式犁的安装和技术检查

(1)主犁体的装配与技术检查　为减小工作阻力、保证工作质量,犁体安装应满足以下技术要求:

①铧刃厚度应在 2～3 毫米,梯形和凿形犁的背棱宽一般应在 8～10毫米。

②犁铧和犁壁的接缝应严密平滑,缝隙不应超过 1 毫米。安装时,犁壁不能高出犁铧。

③犁壁与犁铧构成的垂直切刃(犁胫线),应位于同一垂直面上,犁铧凸出犁胫线不允许大于 5 毫米。

④犁侧板前端与耕沟底垂直间隙值应在 10～12 毫米,夹角为2°～3°。

⑤犁侧板前端与沟壁平面的水平间隙应在 5～10 毫米,其夹角为 2°～3°。

⑥犁铧和犁壁与犁柱的接触面间隙,下部不应超过 3 毫米,上部不应超过 8 毫米。

⑦犁体上所有沉头螺钉应与工作面平齐,不得凸出,下陷不得大于 1 毫米。

(2)犁架的装配与技术检查　犁架是犁的骨架，是安装工作部件的基体，其技术状态的好坏，直接影响犁的耕作质量。因此，犁架必须具有准确的尺寸及足够的强度和刚度。

①牵引犁多采用组合式犁架，它是用螺栓把热轧型钢纵梁和横梁组合在一起，要求各个螺栓必须紧固，各梁必须处于同一平面内，其纵梁高度差不大于5毫米，横向距离差不大于7毫米。

②悬挂犁多采用管材焊接式犁架，要求其焊接后没有漏焊、脱焊及焊后变形等缺陷，且各梁必须处于同一平面上。其主梁不直度应小于1∶1000，各梁与水平基面的高度差应小于3毫米。

(3)犁的总装及技术检查。犁的总装技术状态是否正确，影响到耕地时是否会产生漏耕、耕深不一致等现象。总装检查的主要内容是犁体在犁架上的安装状态。

①各部分的螺栓、螺帽应拧紧，螺栓头应露出螺帽3～5扣。

②悬挂轴及调节机构应灵活、可靠。

③多铧犁的主犁体各铲尖与铲翼应分别在同一直线上，其偏差不得超过5毫米。

④圆犁刀旋转面应垂直地面，刃口应锐利，刃口两边距垂线的距离不大于3毫米，圆盘轴向游动量不大于1毫米。

⑤小前犁铧安装高度应使其耕作层不大于10厘米，小铧尖与大铧尖相距在25厘米以上。圆犁刀应安在小铧前方，圆盘中心应垂直对准小前铧的铧尖，并向未耕地偏出10～30毫米，刃口的最低位置应低于小前铧铧尖20～30毫米。

⑥犁轮的轴向间隙不大于2毫米，径向间隙不大于1毫米，轮缘轴向摆动不大于10毫米，径向跳动不大于6毫米，犁轮弯轴的弯曲度应符合设计，不得变形。

⑦牵引犁尾轮左侧轮缘较最后的主犁体的犁侧板向外偏1～2厘米，尾轮下缘比犁侧板底面低1～2厘米。尾轮拉杆的长度应保证犁体在耕作时放松，在运输时使犁体有不小于20厘米的运输间隙。

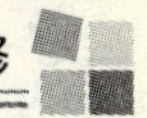

4.铧式悬挂犁的挂接与调整

(1)铧式悬挂犁的挂接 悬挂犁与拖拉机的悬挂装置相连接，悬挂犁的上悬挂孔与拖拉机的上拉杆(中央拉杆)相连接。悬挂犁的两个下悬挂孔分别与拖拉机的两个下拉杆相连接。

(2)铧式悬挂犁的调整 铧式犁与相应功率的拖拉机挂接后，还应对其进行必要的调整。犁达到规定的耕深和稳定的耕幅后，才能投入正常的耕作。

①犁的入土角和入土行程的调整。悬挂犁入土性能通常用入土行程来表示。入土行程是指最后犁体铧尖着地点至该犁体达到规定耕深时，犁所前进的距离；入土角是指第一犁体铧尖开始入土时，犁体支承面与地平面的夹角，一般为 $3^{\circ}\sim5^{\circ}$。当犁铧磨钝或土壤干硬时，为使犁能及时入土，可缩短悬挂机构上拉杆的长度，增大犁的入土角，缩短入土行程，以增强犁的入土性能，使犁容易入土。如图 3-7 所示。

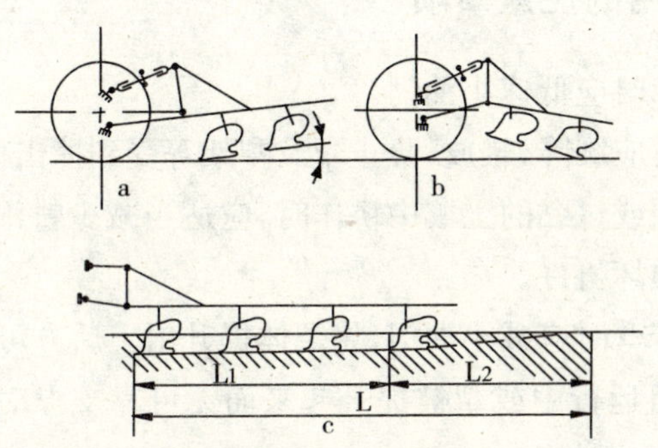

a. 正确调整；b. 不正确调整；c. 犁的入土行程；L. 总入土行程；

L_1. 前后犁犁间距；L_2. 后犁入土

图 3-7 犁的入土角与入土行程的调整

注意：缩短上拉杆的长度会影响前后犁体耕深的一致性，因此在调节上拉杆时，应彼此兼顾。在达到耕深一致的前提下，应尽量使上拉杆的长度缩短。

②耕深调整。牵引犁利用深浅调整机构控制耕深，悬挂犁利用拖拉机液压悬挂系统或限深轮配合作用控制耕深调节。只有改变拖拉机调节手柄的位置，液压系统才能根据犁的阻力变化，自动地调节犁的升降。

③犁架水平调整。为保证耕深一致，耕作时，犁架应保持水平。犁架的水平需从前后和左右两方面来调节：调节前后水平，一般是伸长或缩短悬挂机构的上拉杆；调节左右水平，一般是改变右提升杆的长度。轮式拖拉机耕地时，右轮走在犁沟里，左轮走在未耕地上。为使犁架左右保持水平，应将右提升杆缩短。

④耕宽调整。犁耕中，第一铧耕宽偏大或偏小，是形成漏耕或重耕的主要原因，是犁相对于拖拉机的横向位置配合不当所致。对多铧犁的耕宽调整，就是改变第一铧的实际耕宽，使之符合规定。悬挂犁的耕宽调整是通过改变下悬挂点与犁架的相对位置，使犁侧板与机组前进方向成一倾角来实现的。

5.犁使用的注意事项

①挂接犁时应低速小油门。

②落犁时应缓降、轻放，防止犁及犁架等受到撞击而损坏。

③在过硬或过黏的土壤中耕作时，应适当减少耕深和耕宽，以免阻力过大而损坏机件。

④地头转弯时应减小油门，将犁体提升出土后方可转弯。

⑤在机组运行中或犁被提升起来而无可靠支撑时，不准对犁进行维护、调整和拆装。

⑥犁在长距离运输时，悬挂机组需将悬挂锁紧轴锁紧，适当调紧限位链；牵引机组要将升起装置锁住。

6.铧式犁常见故障及其排除方法

铧式犁常见故障及其排除方法见表3-1。

表 3-1　铧式犁常见故障及其排除方法

故障现象	故障原因	排除方法
犁不能入土或入土过浅	牵引犁横拉杆位置过低； 悬挂犁上拉杆过长； 限深轮位置调整不对； 犁铧刃口磨损严重。	适当调高横拉杆位置； 适当缩短上拉杆长度； 调整限深轮与机架的相对高度； 磨锐或更换犁铧。
犁入土过深	牵引犁横拉杆位置过高； 悬挂犁上拉杆过短； 限深轮位置调整不对； 液压系统力调节机构失灵。	适当调低横拉杆位置； 适当伸长上拉杆长度； 调整限深轮与机架的相对高度； 检修液压系统。
重耕或漏耕	犁架歪斜； 犁体前后距离安装不当； 犁架或犁柱变形。	调整犁架； 重新安装； 校正或更换。
耕深不一致，耕后地表不平	犁的水平调整不当； 犁在纵向垂直面内的牵引调整不当； 犁架和犁柱变形； 犁铧严重磨损，且各铧磨损不一致。	正确调整犁的水平； 进行犁在纵向垂直面内的调整； 校正犁架和犁柱； 修复或更换犁铧。
覆土不良，有立垡和回垡	拖拉机行驶速度过慢； 耕深过大，耕深和耕宽比例不当； 犁体工作曲面选用不当。	适当提高车速； 适当减少耕深； 正确选用犁体曲面。

三、旋耕机的使用与维修

1.旋耕机的构造和工作原理

旋耕机一般由工作部件、传动部件和辅助部件三部分组成（如图 3-8）。工作部件包括刀轴、刀片、刀座和轴头等；传动部件由万向节、齿轮箱和传动箱（齿轮和链轮）等组成；辅助部件由悬挂架、左右主梁、侧板、挡泥罩板和平土拖板等组成。

旋耕刀片是旋耕机的主要工作部件，分为槽形刀片和弯刀片两种。弯刀片又分为左弯刀和右弯刀两种，用螺栓固定在刀座上。刀座按螺旋线排列，焊在刀轴上，通过轴头配置的链轮或齿轮将动力传递给刀轴，使之旋转。

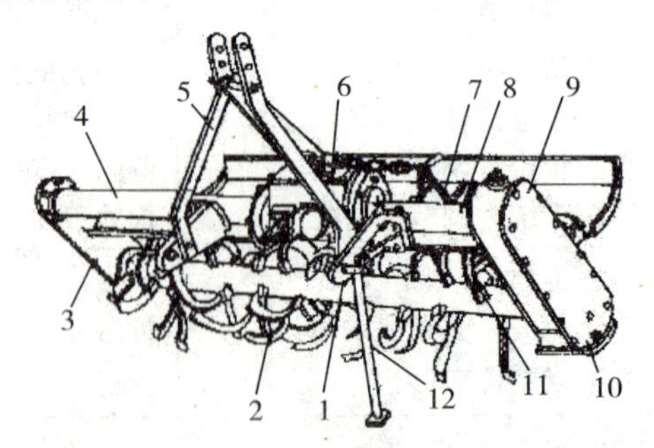

1. 刀轴；2. 刀片；3. 左支臂；4. 右主梁；5. 悬挂架；6. 齿轮箱；7. 罩壳；8. 左主梁；9. 传动箱；10. 防磨板；11. 刀座；12. 撑杆

图 3-8　旋耕机的构造

旋耕机工作时，刀片一方面由拖拉机动力输出轴驱动作回转运动，一方面随机组前进作等速直线运动。刀片在切土过程中，先切下土垡，抛向并撞击罩壳和平土拖板，细碎后再落回地表。随着机组不断前进，刀片就连续不断地对未耕地进行松碎。

2. 旋耕机的安装和技术检查

(1)刀滚安装和技术检查

①弯刀在刀滚上的安装。在刀滚上安装弯刀时，应严格按照使用说明书上的刀片排列图进行，以免因片位置装错而产生堵塞、漏耕、负荷不匀等不良现象。刀片在刀座上必须安装牢固，应有锁紧措施，防止松脱而造成人身事故或机具损坏。

弯刀的侧刃应顺着旋转方向用刀刃切土；左、右弯刀位置不能装错，其配装方法有交错安装法、向外安装法和向内安装法三种

（如图 3-9）。

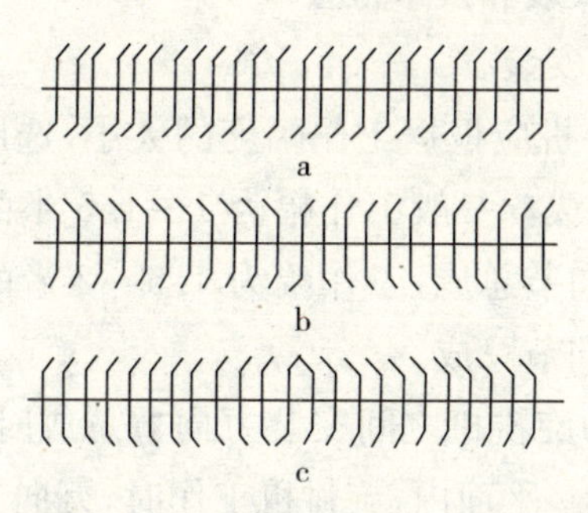

a. 交错安装；　b. 向外安装；　c. 向内安装

图 3-9　旋耕刀片安装方法

交错安装是左、右弯刀在刀轴上交错排列安装，耕后地表平整，适于耕后耙地或播前耕地；向外安装是刀轴左边装左弯刀片，右边则装右弯刀片，耕后中间有浅沟，适于拆畦或开沟作业；向内安装是刀轴左侧全部安装右弯刀片，右侧则全部安装左弯刀片，耕后中间有隆起，适于筑畦或在中间有沟的地方作业。

②刀滚在机架上的安装。刀滚装到旋耕机上后，刀片顶端与罩壳的间隙以 30～45 毫米为宜。刀滚装到旋耕机上后，应进行空转检查，把旋耕机稍提离地面，接合动力输出轴，让旋耕机低速旋转，观察其各部件是否运转正常。

③刀片检查。刀片是旋耕机的最主要工作零件，也是最易磨损变形的零件。一般要求正切刃切土时，刀背应与未耕地保持适当隙角，以使刀片能很好地入土。没有隙角时，刀背将顶在未耕地上，隙角太大时刀面对垡块的挤压将加大。这些都会使功率消耗剧增，同时严重影响旋耕质量。

对刀片外形的检查，可用特制样板进行，也可挑选备用新弯刀代替样板来对照检查，其最大误差不大于 3 毫米；刀片刃口厚度为 0.5～2.5毫米。刃口曲线过度，应平滑，若刃口有残缺，其深度要小于 2 毫米，且每把刀的残缺不应多于 2 处。

(2)传动装置安装和技术检查

①万向节总成安装。

•悬挂式旋耕机应根据工作幅度的大小，选用强度与耕作阻力相适应的万向节总成。一般工作幅为1～1.5米的旋耕机，配用“跃进”牌汽车用的万向节总成；工作幅为1.5～2米的旋耕机，配用“解放”牌汽车用的万向节总成。

•在拖拉机和旋耕机之间安装万向节总成时，必须使方轴和方轴套的夹叉处于同一平面内；旋耕机工作时，万向节总成两轴线夹角应不大于10°。万向节方轴和方轴套的配合长度，在工作时要求不小于150毫米，在升起时要求不小于40毫米。

•万向节总成两端的活节夹叉与拖拉机动力输出轴轴头和中间齿轮传动箱轴头连接时，必须推到位，使插销能插入花键的凹槽内，最后还应用开口销将插销锁好，以防止夹叉甩出造成事故。

②传动装置安装。

•各轴承盖与箱体间垫片要完好，其厚度应符合规定，以确保不漏油。

•各传动轴能灵活转动，轴向窜动量小于0.1毫米；若窜动量超过0.5毫米，必须进行调整。第一、二轴用减少轴承盖与变速箱体间调节垫片的厚度来解决，第三轴用锁紧两端轴头处的圆头螺母来解决。

•滚动轴承在装配之前，必须除掉轴和轴承座配合面之间的油污、毛刺、锈斑等。用清洁的柴油洗净，并在其装配面上涂一层清洁的机油。装配时，轴承内圈必须紧贴在轴肩上，不准有间隙。装配后，用手转动轴承时，应转动较快且灵活。

•锥齿轮装配时，其齿侧正常间隙为0.17～0.34毫米，极限值不得超过0.68毫米。齿的正常啮合印痕为，齿长和齿高均不少于40%。

•侧边传动箱的链传动，要求主动、被动链轮的中心平面在同一

铅垂面内，其偏差不能超过 0.5 毫米。链条的张紧度应合适。一般用手按压链条，以感到尚能按动为可。若用劲按而不动，则说明太紧；轻轻即能按动，则说明太松，此时需用链条张紧装置重新调节松紧度。

3. 旋耕机的使用与调节

(1)旋耕机与拖拉机的配套　我国旋耕机生产已经系列化，不同功率的拖拉机均有与之相应的配套旋耕机。由于各地自然条件和农业技术要求不同，旋耕机的工作幅宽，应根据拖拉机功率的大小和机组前进速度等因素来确定。一般要求拖拉机的轮距(指正悬挂时)必须小于旋耕机的耕幅，并要求旋耕机的耕幅偏出拖拉机后轮外侧50～100毫米。

(2)旋耕机的耕法(如图 3-10)

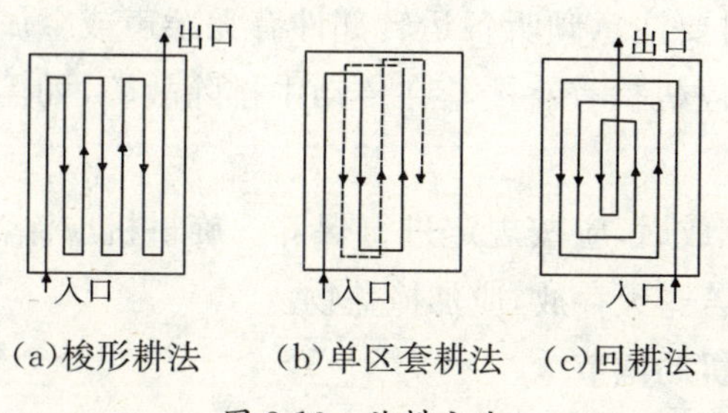

(a)梭形耕法　(b)单区套耕法　(c)回耕法

图 3-10　旋耕方法

①梭形耕法。拖拉机从田块一侧进入，耕完一趟后，转小弯返回，接着第一趟已耕地耕第二趟，如此依次往返耕作，此法操作简单。手扶拖拉机转小弯较灵便，多采用此法。

②单区套耕法。单区套耕法也是梭形耕法，只是采用了隔行套耕：一般先正向隔行耕三趟，然后反向耕行间留下的二条未耕地。此法克服了小转弯问题，但易造成漏耕。

③回耕法。拖拉机从四周采用绕"回"字方法向中间耕，多用于水田作业。可避免地头转弯的困难，但拖拉机转直角弯时应注意提

起旋耕机，防止刀轴、刀片变形。

(3)旋耕机的安全操作 旋耕机是靠高速旋转的刀滚完成碎土作业的。为了保证人身和机具安全，应注意下列各点：

①新机使用前，应按使用说明书规定的注意事项，检查各部分技术状态是否完好，紧固件是否固紧，传动箱是否按规定注足了润滑油，传动装置的齿轮间隙或链条松紧度是否符合要求。

②检查旋耕机的万向节总成，其方轴和方轴套购配合良度是否适当，工作时两轴夹角是否小于10°；地头转弯升起旋耕机时，两轴夹角是否小于25°。长距离运输时，应将万向节总成拆除。

③严禁在旋耕机刀片入土后接合动力输出轴；严禁急剧降落旋耕机，以防拖拉机和旋耕机的主要工作部件及传动件损坏。

④地头转弯和倒车时，应升起旋耕机。旋耕机工作时，拖拉机和旋耕机上不准乘人，机后不准站人。

⑤工作时要注意倾听各运转部件有无杂声或金属敲击声，如有杂声，应立即停机检查。严禁在传动中排除故障，如需换零件，拖拉机应先熄火。

⑥作业完成后，应按规定进行保养。旋耕机应涂油存放在地势较高的地方，若露天存放，应加掩盖物。

(4)旋耕机的调节

①耕深调节。有限深轮的旋耕机(拖拉机的液压悬挂系统只完成升降动作)，由限深轮调节耕深。

没有限深装置的旋耕机，耕深调节由拖拉机液压悬挂系统的操纵手柄控制。当旋耕机与具有力、位调节的液压系统配套时，禁用力调节，应把力调节手柄置于提升位置，由位调节手柄进行耕深调节。当旋耕机与具有分置式的液压悬挂系统配套时，用改变油缸定位卡箍的位置来调节耕深。每次降下旋耕机时，都应将液压操纵手柄迅速扳到浮动位置上，不要在压降和中立位置停留；提升时，应迅速将操纵手柄扳到提升位置，提到预定高度后，再将手柄置于中立位置。

手扶拖拉机旋耕机的耕深调节，是用调节手柄调节尾轮或滑橇（水耕时用）来实现的。

②提升高度调节。通过调节液压操纵手柄扇形板上的定位手轮，使操纵手柄每次都扳到定位手轮为止，从而达到限制提升高度的目的。一般要求刀片离开地面 150～200 毫米即可。

③水平调节。改变拖拉机上拉杆的长度，进行前后水平调节；改变拖拉机液压悬挂系统右提升杆的长度，进行旋耕机的左右水平调节。

④碎土性能调节。通过改变刀片数、刀滚转速、机组前进速度等，调节旋耕机的碎土性能。

4.旋耕机的故障及其排除方法

旋耕机常见故障及其排除方法见表 3-2。

表 3-2　旋耕机常见故障及其排除方法

故障现象	故障原因	排除方法
万向节烧坏	轴承缺润滑油； 两轴夹角过大卡死。	更换“十”字节并按时注油； 限制提升高度以减小两轴夹角。
万向节飞出	定位销脱落； 轴折断； 方轴太短。	重装定位销； 更换轴； 配上长度合适的方轴。
齿轮箱漏油	油封或垫片损坏； 齿轮箱有裂缝。	更换油封或垫片； 修复齿轮箱。
齿轮箱内有杂音	安装时落入异物； 齿轮齿侧间隙过大； 轴承损坏； 齿轮牙齿折断。	取出异物； 调小齿侧间隙； 更换轴承； 修复或更换齿轮。

续表

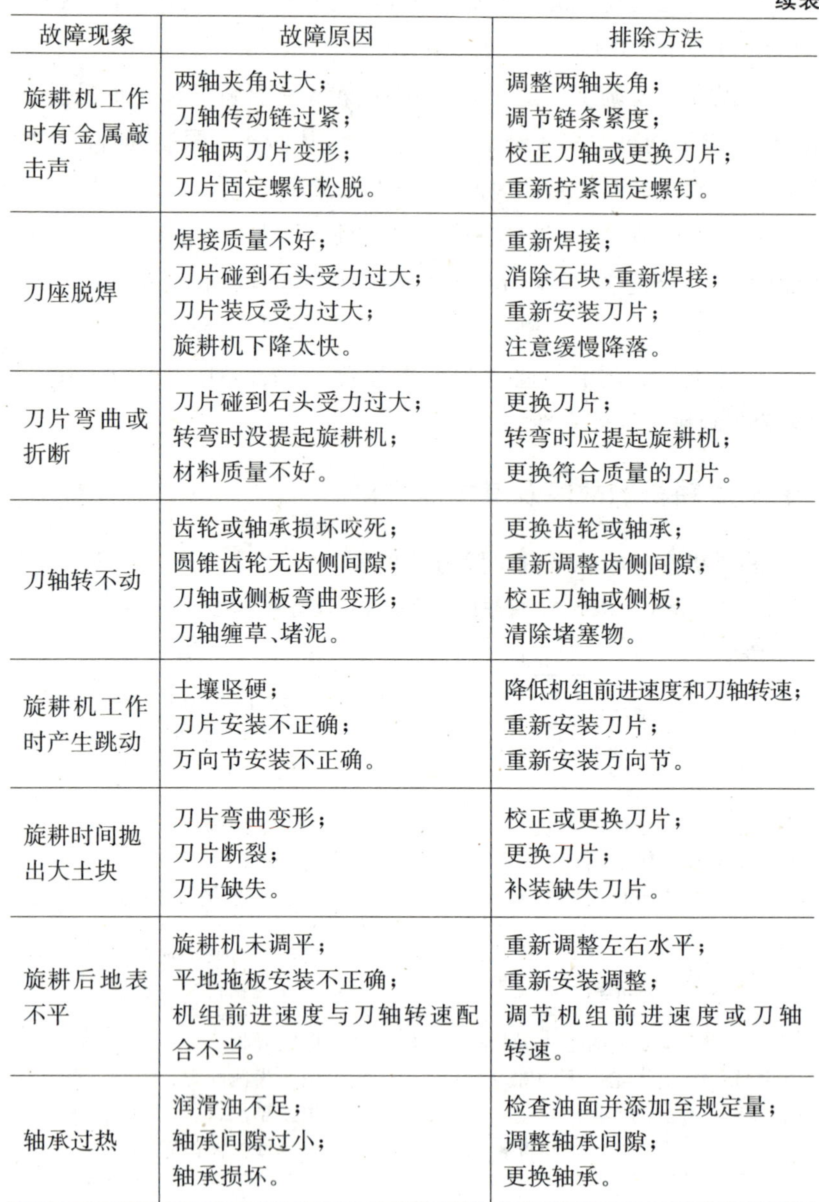

故障现象	故障原因	排除方法
旋耕机工作时有金属敲击声	两轴夹角过大； 刀轴传动链过紧； 刀轴两刀片变形； 刀片固定螺钉松脱。	调整两轴夹角； 调节链条紧度； 校正刀轴或更换刀片； 重新拧紧固定螺钉。
刀座脱焊	焊接质量不好； 刀片碰到石头受力过大； 刀片装反受力过大； 旋耕机下降太快。	重新焊接； 消除石块，重新焊接； 重新安装刀片； 注意缓慢降落。
刀片弯曲或折断	刀片碰到石头受力过大； 转弯时没提起旋耕机； 材料质量不好。	更换刀片； 转弯时应提起旋耕机； 更换符合质量的刀片。
刀轴转不动	齿轮或轴承损坏咬死； 圆锥齿轮无齿侧间隙； 刀轴或侧板弯曲变形； 刀轴缠草、堵泥。	更换齿轮或轴承； 重新调整齿侧间隙； 校正刀轴或侧板； 清除堵塞物。
旋耕机工作时产生跳动	土壤坚硬； 刀片安装不正确； 万向节安装不正确。	降低机组前进速度和刀轴转速； 重新安装刀片； 重新安装万向节。
旋耕时间抛出大土块	刀片弯曲变形； 刀片断裂； 刀片缺失。	校正或更换刀片； 更换刀片； 补装缺失刀片。
旋耕后地表不平	旋耕机未调平； 平地拖板安装不正确； 机组前进速度与刀轴转速配合不当。	重新调整左右水平； 重新安装调整； 调节机组前进速度或刀轴转速。
轴承过热	润滑油不足； 轴承间隙过小； 轴承损坏。	检查油面并添加至规定量； 调整轴承间隙； 更换轴承。

四、耙的使用与维修

1. 耙的构造和工作原理

耙，主要介绍圆盘耙和水田耕。

(1)圆盘耙的整机构造及工作过程　圆盘耙主要用于犁耕后的碎土和平地，也可用于搅土、除草、混肥、浅耕、灭茬、松土、盖种；有时为了抢农时保墒，也可以耙代耕，是一种应用广泛的机具。

圆盘耙一般由耙组、耙架、悬挂架和偏角调节机构等组成(如图 3-11)。对于牵引式圆盘耙，还有液压式(或机械式)运输轮、牵引架和牵引器限位机构等，有的耙上还设有配重箱。

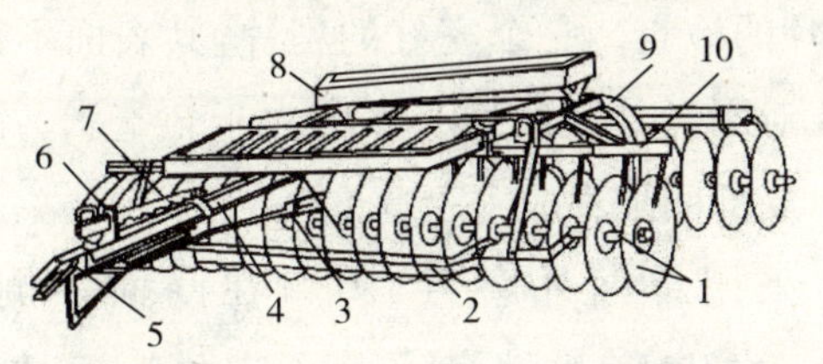

1. 耙组；2. 前列拉杆；3. 后列拉杆；4. 主梁；5. 牵引器；6. 卡子；
7. 偏角调节器；8. 配重箱；9. 耙架；10. 刮土器

图 3-11　圆盘耙

工作时，在牵引力的作用下，圆盘滚动前进，并在耙的重力作用下切入土壤。随着耙片滚动，在耙片刃口和曲面的综合作用下，进行推土、铲土(革)，并使土壤沿耙片凹面上升和跌落，从而起到碎土、翻土和覆盖等作用。

(2)水田耙的整机构造及工作过程。水田耙通常为悬挂对称式，采用整体框架式耙架，由悬挂架、轧滚、耙架、星形耙组和偏角调节装置等组成(如图 3-12)。工作时，耙组的星形耙片纵向切割土壤，将土壤搅碎，把杂草切断或向下压，然后轧滚叶片对土壤进一步切碎和搅浑，并把杂草压到底层。

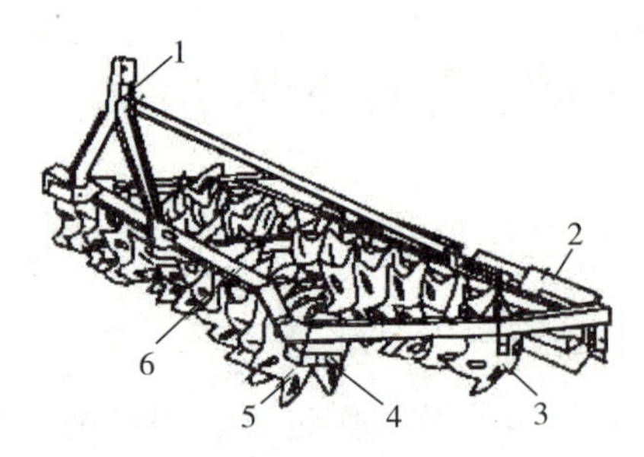

1.悬挂架;2.轧滚;3.后列耙组;4.偏角调节装置;5.前列耙组;6.耙架

图 3-12 水田耙

2.耙的安装和技术检查

(1)圆盘耙组的安装和技术检查

①圆盘耙片的检查。一个完好的耙片,其表面不得有疤痕和裂纹,圆盘中心孔对圆盘外径的偏心不应大于 3 毫米。圆盘扣在平台上检查时,刃口局部间隙不应大于 5 毫米。

圆盘耙片采用单面外磨刃(刃口在凸面一侧),刃口厚为 0.1～0.5毫米。若刃口有残缺,其深度不应大于 1.5 毫米,长度不应大于 15 毫米,且整个耙片缺损处不应多于 3 处。

②耙滚的安装与检查。耙滚安装是在各零件技术符合要求后进行的,如耙片要完好、方轴要平直等。组装耙滚时应注意以下几点:

• 对缺口式圆盘耙,其相邻的耙片缺口要相互错开,缺口按 0°、9°、18°、27°、36°的顺序,在方轴上排列成螺旋形。

• 为了避免总装时轴承位置与耙架轴承连接支板对不上,必须保证轴承在耙滚上的位置不装错。

• 为了使间管与耙片紧密贴合,应使间管大头与耙片凸面相靠,间管小头与耙片凹面相靠。若其接触面之间有局部间隙,应不大于 0.5毫米。

• 最后应把方轴螺母完全拧紧并予锁定。

③耙滚轴承的安装与检查。耙滚轴承有滚珠轴承、木轴承和橡胶轴承等类型。滚珠轴承和木轴承内应注足清洁的润滑油。若是耐磨橡胶轴承，切勿沾染油质物体，以免引起橡胶迅速老化。

严重磨损的轴承(轴衬)应及时更换，新轴承(轴衬)装上去后，要注意保持耙滚的灵活转动。必须拧紧轴承和耙架轴承支板之间的连接螺栓。若因耙架或轴承支板变形，造成轴承和轴承支板之间安装孔对不上，或勉强装上去后拧紧螺栓，耙滚部不能转动时，不得用旋松螺栓来调节耙滚转动的灵活性，而应校正耙架或轴承支板的变形。在变形不大时，可在轴承和轴承支板安装配合面之间适当地加装垫片，来调节耙滚转动的灵活性。

④圆盘耙总装的技术检查。

• 认真检查耙架是否变形和是否有开裂现象。变形严重时必须及时校正。

• 对于前、后列耙组，要保证后列耙组耙片的切土轨迹与前列耙组耙片的切土轨迹均匀错开。

• 刮土铲上下位置要求铲刃与圆盘中心水平面齐平或略高，左右位置要求铲刃外侧处在圆盘耙片刀口内 20～30 毫米，与圆盘旋转面之间构成的倾角为 20°～25°。

(2)水田耙的安装和技术检查　水田耙装配要求与缺口圆盘耙基本相似。需注意的是：

• 在耙滚轴圆筒上焊接或在方管轴上套装星形耙片时，应使相邻耙片刀齿错开 20°～30°，让整个耙滚刀齿呈螺旋状排列。

• 为了使整个耙在水平内保持平衡，在同一列上的左、右耙组螺旋线方向应相反。

• 轧滚装配时，应使轧滚左、右侧叶片螺旋方向相反，且整个轧滚应是中部叶片先入土，然后再逐渐趋向两旁。

最后重点检查星形耙片或轧叶有无脱焊。将耙架起，用手转动耙滚或轧滚，观察其转动是否灵活，以及耙片是否有晃动等现象。

3.圆盘耙的使用和调节

(1)耙深调节 耙深调节主要是改变耙组的偏角。偏角大，耙深大；偏角小，耙深小。调节时先将耙升起，松开角度调节器的调节螺栓后，推动耙组横梁，即可改变连接孔位，可分别将耙组调成11°、14°、17°和20°四个偏角位置。调节角度调节器时，前梁和前耙架的连接也要做相应的改变。

另外，改变配重和拖拉机的液压悬挂机构也能控制耙深。

(2)耙组水平调节 耙的水平调节机构，主要用来调节耙的纵向水平。转动水平调节丝杆，即可达到调节前、后水平的目的。另外，用水平调节机构还可调节拖拉机行驶的直线性，如拖拉机向左偏驶，则转动水平调节丝杆，使后耙组降低，增加耙深，即可纠正向左偏驶现象；如拖拉机向右偏驶，则转动水平调节丝杆，使后耙组稍微升起，减小耙深，即可纠正。

耙组的左、右水平(横向调平)，一般是通过拖拉机右提升杆来调节的。

(3)刮土铲调整 刮土铲与耙片凹面应保持3～6毫米的间隙，与耙片外缘距离应为20～25毫米；如不符合规定，可通过改变刮土铲在耙架上的位置予以调整。

4.耙的故障及其排除方法

以悬挂式缺口圆盘耙和水田耙为例，其常见故障及排除方法见表3-3。

表 3-3　耙常见故障及其排除方法

故障现象	故障原因	排除方法
耙片等零件脱落	方轴螺母未拧紧或轴承螺母松脱。	重新拧紧或更换。
耙不入土或耙深不够	耙片偏角太小； 耙片磨钝； 土质太硬，配重不够； 耙片间有堵塞。	调大耙片偏角； 磨锐耙片刃口； 增加配重或换用重型耙； 清除堵塞。
耙后地表不平	前后耙组偏角未调好或不一致； 配重不一致； 耙架纵向不平； 个别耙组不转动或堵塞。	调整偏角； 调整配重； 调整牵引点位置； 清除堵塞。
耙片堵塞	土壤太黏、太湿； 杂草太多刮泥板不起作用； 耙组偏角太大； 前进速度太慢。	等水分适宜时再耙地； 调整刮泥扳的位置和间隙； 调小偏角； 加快前进速度。
碎土不好	前后列耙组未错开； 耙速太慢； 土壤太黏、太湿。	调好左右位置； 适当加快前进速度； 适时耙地。
水田耙耙绿肥田时拖堆	灌水层不够深； 土垡浸水时间太短； 犁耕翻质量不高； 耙架不平； 耙片偏角太大。	再灌水； 延长浸垡时间； 提高犁耕翻质量； 调平耙架； 调小耙片偏角。

第四章

种植机械使用与维修

种植机械包括播种机、栽植机、拔秧机、插秧机、施肥机等，使用较多的是播种机和插秧机。播种机的主要工作部件是排种器和开沟器，播种质量的好坏主要取决于排种器和开沟器的技术状态，主要包括排种器排种量的准确性和均匀性，开沟器开沟深度和行距的一致性。水稻插秧机的主要工作部件是送秧器和秧叉。插秧质量的好坏主要取决于送秧器和秧叉的技术状态，主要包括送秧器取秧量的准确性，以及伤秧、漂秧、钩秧等情况。

一、播种和插秧的农业技术要求

1.农业技术对机播的技术要求

为了使作物获得高产，作物在田间生长过程中，必须获得充分的光照、热量、水分、空气和营养物质，因此，机播必须解决种子在田中的合理分布问题，以便其能充分利用作物生长的各营养物质。具体要求为：

①下种均匀、稳定，且播量要符合规定。

②播种深度符合要求，且深浅要一致。

③行距应符合要求，且宽窄要一致，尤其在两趟之间交接行处，应无重播、漏播现象。

④种子要播在湿土中，且播后覆盖要良好。

⑤种子损伤率要小，一般应不超过1%。

2.农业技术对机插的技术要求

农业技术对机插的技术要求是：

①每穴秧苗数适当(4～12株)，且钩秧率、伤秧率、漂秧率、漏秧率不大于5%。

②行距和穴距应符合要求，且秧行要直。

③插秧深度要符合规定，一般是在不漂秧前提下，以插得浅一些为宜，能有利于分蘖和生长。一般拔秧苗为30～40毫米，带土小苗为10～25毫米。

二、播种机的使用与维修

1.播种方法及播种机的分类

(1)播种方法　常用的播种方法可分为撒播、条播和点播三种。

撒播是将种子漫撒于田间地表，再用其他工具进行覆土。特点是效率高、进度快，但种子消耗量大，且分布不均匀，覆土厚度不一致，出苗不整齐，不利于机械化生产。目前，此法仅在植树造林、牧草种植时采用。

条播是将种子均匀地成条状地播于所开的种沟内，而后覆土。特点是种子分布均匀，出苗整齐。目前，我国谷类作物生产普遍采用这种方法。适于小麦、谷子和豆类作物播种。

点播是将种子按一定粒数和间距成穴播下，而后覆土。特点是节约种子，减少间苗、定苗工作，利于机械生产。适于玉米、棉花和高粱作物播种。

(2)播种机类型 按播种方法不同通常可将播种机分为撒播机、条播机和点播机三类。

撒播机是利用风力或离心力将种子撒向田间地表。

条播机是利用排种器将种子连续地排出，种子在田间成条状分布。

点播机是利用特制的排种器将种子断续地排出，种子在田间既有一定的行距，又有一定的穴距(株距)。

2.播种机的构造与工作过程

(1)播种机的整机组成及其工作过程 以谷物条播机为例，其主要由种肥箱、排种器、输种(肥)管、开沟器、覆土器、机架、传动机构等组成(如图 4-1)。

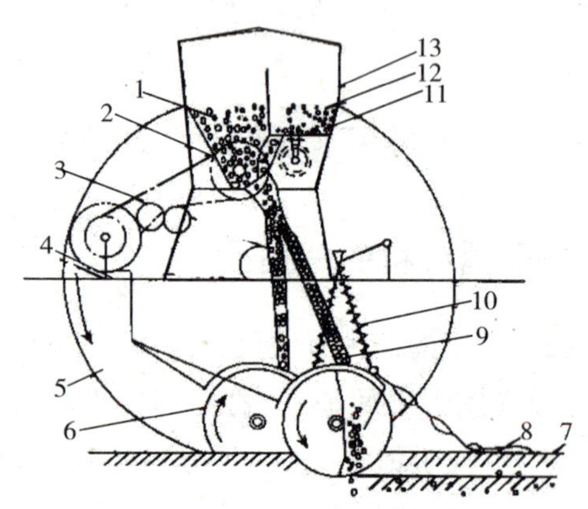

1.种子;2.排种器;3.传动机构;4.机架;5.地轮;6.开沟器;7.播下的种子;8.覆土器;9.输种(肥)管;10.提升机构;11.排肥器;12.肥料;13.种肥箱

图 4-1 条播机结构示意图

种肥箱一般是用铁皮制成的整体式长方形箱子，中间用隔板隔成前、后两室，前室盛种子，后室盛肥料。种子箱底部装有排种器，肥料箱底部装有排肥器，分别用于均匀、连续地排种、排肥。

排种器和排肥器由链式传动装置驱动。动力由地轮提供，经两级链轮传动，带动排种器转动，然后再经第一级齿轮传动，带动排肥

器转动；经第二级齿轮传动，带动排肥箱中的搅拌器转动；更换不同齿数的链轮可获得不同的排种速度和排肥速度。

输种管为卷片式，起导种作用，并能适应开沟器升降和左右位置的变化。开沟器为双圆盘式，在滚动中开出种沟。开沟器在地头转弯和运输时必须升离地面，靠自动升降器或液压提升机构控制。覆土器为圆环式，拖在地面上进行覆土。

工作时，在拖拉机的牵引下，开沟器在地面开出种沟，种、肥在种肥箱中的排种器和排肥器的作用下，均匀、连续地经输种（肥）管播入开沟器所开的沟内。

为了使肥料在肥料箱中不致架空，在排肥器上方设搅拌器，以对肥料进行松动。为了使种、肥在沟中覆盖良好，在开沟器后面设有覆土器，对种、肥进行覆盖。有的播种机开沟器后面还附装镇压轮，起压实地表土壤的作用。

(2)播种机的主要工作部件

①排种器。排种器的作用是均匀、连续、稳定地将一定数量的种子从种子箱中排出。排种器按工作原理不同，可分为机械式和气力式两类。国产播种机普遍采用机械式排种器，而气力式排种器多被现代化的精密播种机所采用。

常见的机械式排种器有外槽轮式、纹盘式、窝眼轮式等。

•外槽轮式排种器。外槽轮式排种器主要由排种盒、外槽轮、阻塞轮、排种轴、排种舌及花形挡环等组成，如图 4-2所示。

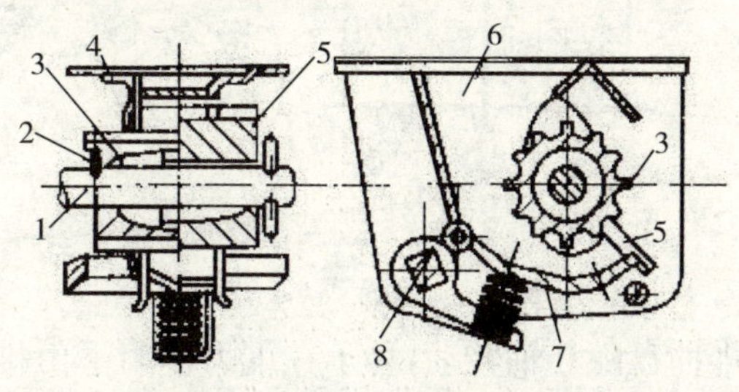

1.排种轴；2.销钉；3.外槽轮；4.挡环；5.阻塞轮；6.排种盒；7.排种舌；8.清种轴

图 4-2　外槽轮式排种器

工作时，排种盒内盛满种子，排种轴带动外槽轮一起转动，利用外槽轮圆周的凹槽，将排种盒内的种子排出排种口，同时也把接近槽轮外缘的种子带出。与外槽轮外缘装配的花形挡环随槽轮一起转动，用来防止种子从排种盒的侧面漏出。配装在外槽轮一侧的阻塞轮镶嵌在排种盒上，能随槽轮左右移动而不能转动，共桃形凸起用来封闭与排种舌的间隙，防止排种盒内的种子向外漏出。

改变槽轮在排种盒内的工作长度和槽轮的转速可以调节播种量。一般在种子箱后壁上装有播种量调节手柄。

此种排种器结构简单、制造容易；播种量受种子箱内存种量、机组前进速度及振动影响较小；但排种均匀性稍差，不宜高速作业。适于播种麦类、高粱、谷子、玉米和黄豆等。

• 纹盘式排种器。纹盘式排种器主要由纹盘式排种盘、调节盘、转轴和隔板等组成(如图 4-3)。排种盘底面上有均匀分布的磨纹槽沟，内缘开有四个弧形喂入孔。调节盘在隔盘之上，盘面上有三个适于播小麦的长圆孔、三个适于播高粱的圆孔、五个适于播谷子的小圆孔。隔盘的周围均匀分布三个长圆排种孔，利用外缘凹槽定位安装在排种器的底座上。改变调节盘与隔盘的相对位置即可改变播种作物种类、行数和播种量的大小。

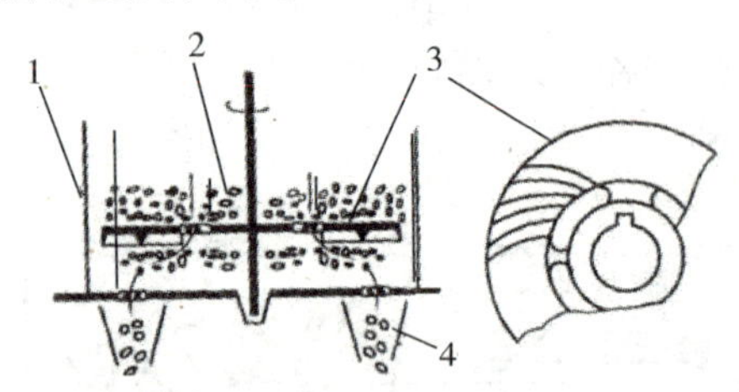

1. 种子箱；2. 种子；3. 排种盘；4. 输种管

图 4-3　纹盘式排种器

工作时，排种盘随心轴转动，种子在重力作用下由排种盘喂入孔进入排种区。在磨纹的推动下，种子沿圆周向外移动，均匀排出，进入调节盘排种孔。当种子经过调节盘和隔盘对应的排种孔时，即被

排出。

改变排种盘在立轴上的安装位置，能调节排种间隙，以适应不同的播种量。适宜的排种间隙是：谷子 2～3 毫米，高粱 4～5 毫米，小麦5～6毫米。

·窝眼轮式排种器。窝眼轮式排种器主要由转轴、窝眼轮、护种器、刮种器等组成（如图 4-4）。其工作部件是一个装在种子箱底部、处于铅垂位置、绕水平轴旋转的窝眼轮。窝眼轮的外缘，开有一排整齐的窝眼，即“型孔”。

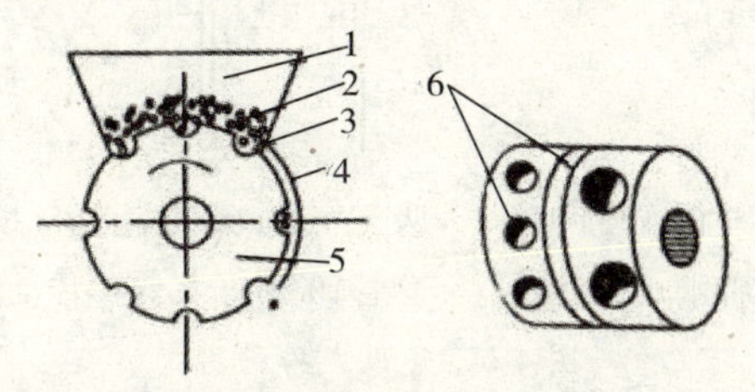

1. 种子箱；2. 种子；3. 刮种器；4. 护种器；5. 窝眼轮；6. 型孔

图 4-4　窝眼轮式排种器

窝眼轮转动时，种子靠重力滚入窝内，经刮种器刮去多余的种子后，窝眼内的种子随窝眼沿护种板转到下方，靠重力下落或由推种器投入种沟。窝眼形状一般为圆柱形、圆锥形或半球形。它适宜于播长、宽、厚差别不大的种子，而以播小粒状种子效果最好。

·气吸式排种器。气吸式排种器是通过机械和负压的联合作用，将种子在无强制摩擦的情况下排出，因此种子不破碎，特别适合花生催芽播种。其主要由种子室、挡板、橡胶搅拌轮、吸种盘、排种轴、刮种板和吸气管等组成（如图 4-5）。

种子室配置在种子箱下部，上部连接吸气管，与吸气泵（风机）相通。在种子室内部有由左右挡板、左右搅拌轮、左右吸种盘、左右刮种板与排种轴配合组成的两套排种机构。

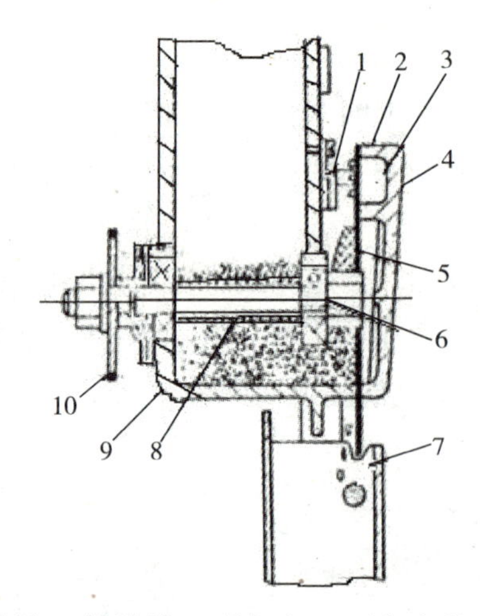

1.刮种板;2.排种器;3.吸气室;4.吸气室盖;5.搅拌器;
6.排种轴;7.导种管;8.套管;9.种子杯;10.传动链轮

图 4-5 气吸式排种器

工作时,种子箱中的种子靠自重充满种子室,排种轴带动吸种盘旋转工作,橡胶搅拌轮随吸种盘一起转动,搅拌种子,防止架空。气泵产生的负压使吸种盘两侧产生压力差,将种子吸附在吸种孔周围并随盘转动。吸种孔在两个刮种器之间通过时,刮去多余的种子,每孔只保留一粒种子,转出吸种室时,孔上种子失去吸附力,便靠重力落入输种管,完成播种工作。

气吸式排种器通用性好,如更换不同孔型的吸种盘,调整刮种器开度,调节风机转速和风门开度,可适应不同作物种子,改变播种量;调节吸种盘转速或改变吸种孔数,可适应不同株距的要求。它还可用于玉米、大豆、高粱、绿豆、花生等多种作物的条播或点播。但谷子等小粒种子和带绒棉籽,因适应性差,易堵塞吸孔,所以会造成工作不稳定。

②星轮式排肥器。排肥器是主要针对颗粒状和粉状的固态化肥而言的,目前用于生产的大多是机械强排,在工作中能完成搅动和排肥,防止化肥结供。常用的条播化肥排肥器是星轮式排肥器。星轮

式排肥器的结构如图 4-6所示。

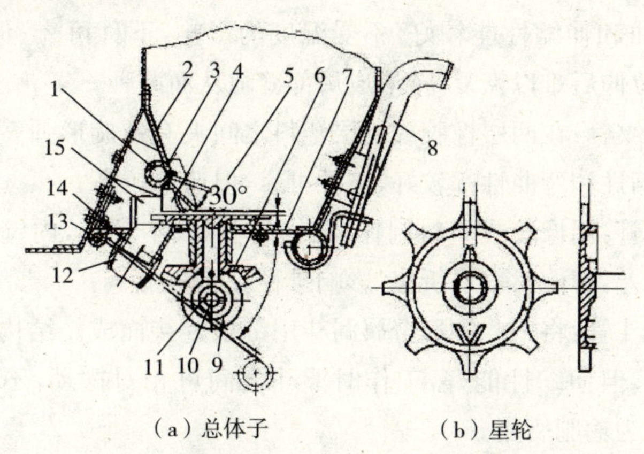

（a）总体子　　　　（b）星轮

1. 活门轴；2. 挡肥板；3. 排肥活门；4. 导肥板；5. 星轮；
6. 大锥齿轮；7. 活动箱底；8. 箱底挂钩；9. 小锥齿轮；10. 排肥轴；
11. 轴销；12. 输链轴；13. 铰链轴；14. 卡簧；15. 排肥器支座

图 4-6　星轮式排肥器

工作时，旋转的星轮将星齿间的化肥强制排出，常采用 2 个星轮对转，以消除肥料架空和锥齿轮的轴向力。星轮背面的凸棱可把进入星轮下面的肥料推送到排肥口，以清除积肥。

③输种(肥)管。输种(肥)管的功用是将排种(肥)器排出的种子(或肥料)导入开沟器，或直接导入种沟。其类型主要有金属卷片管、波纹管、直管和漏斗管四种(如图 4-7)。

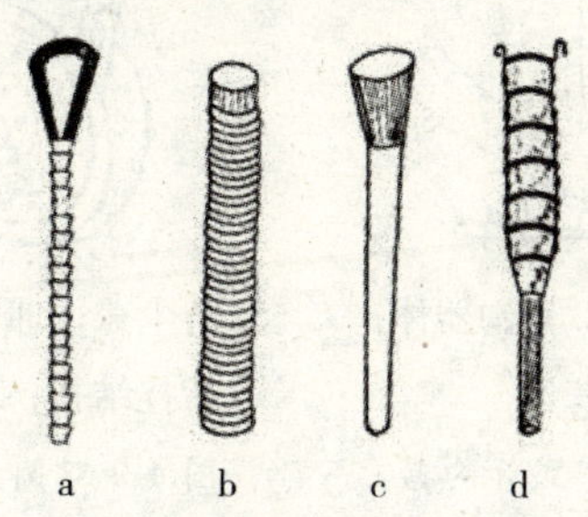

a. 金属卷片管　b. 波纹管　c. 直管　d. 漏斗管

图 4-7　输种(肥)管

•金属卷片管：用弹簧钢带冷辗卷绕而成，结构简单，重量轻，弹性好，弯曲和伸缩性能较好，不受温度的影响，下种可靠；但造价较高，过度拉伸后难以恢复，会形成局部缝隙从而漏种。

•波纹管：在两层橡胶或两层塑料之间夹有螺旋形弹簧钢丝，其弹性、伸缩性和弯曲性都较好，下种可靠，但造价较高。

•直管：用橡胶或塑料制作，结构简单，成本较低，内壁光滑，但伸缩性较差，弯曲时容易折扁，影响排种。

•漏斗管：将一些锥形金属漏斗用链条连接而成。结构复杂，弯曲性能差，但伸缩性能好，工作时漏斗之间可相对摆动，不易堵塞。其主要作为输肥管用。

④开沟器。开沟器的功用是在地面上开出种沟，将种子导入湿土，并有覆土作用。对开沟器的要求是：开沟深度和宽度符合规定；深度和行距可以调整，工作时不搅乱土层；能随地面起伏进行仿形工作；入土性能好，不易缠草和堵塞，工作阻力小。

常用开沟器有锄铲式、双圆盘式和芯铧式等类型。

•锄铲式开沟器。锄铲式开沟器主要由拉杆、开沟器体、开沟锄铲和反射板等组成(如图 4-8)。

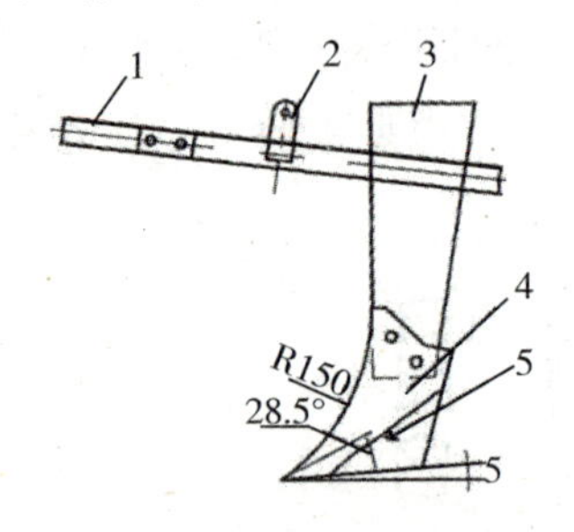

1. 拉杆；2. 压杆座；3. 开沟器体；4. 锄铲；5. 反射板

图 4-8 锄铲式开沟器

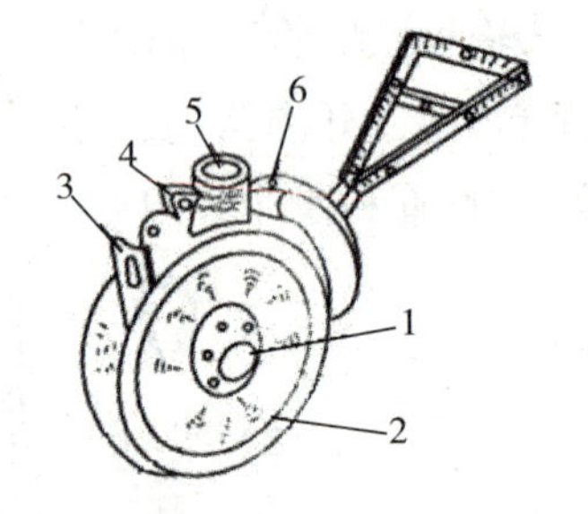

1. 防尘盖；2. 圆盘；3. 刮土导种板；4. 后挂结孔；5. 导种管；6. 油嘴

图 4-9 双圆盘式开沟器

锄铲式开沟器具有结构简单、入土性能好、开沟阻力较小的特点；但工作中容易挂草、黏土，开沟深度不够稳定，干、湿土层易混杂，

对整地要求较高，不宜高速作业。多用在畜力和小型机条播机上。

• 双圆盘式开沟器。双圆盘式开沟器主要由一对平面圆盘、圆盘轴、开沟器体和刮土导种板等组成（如图 4-9）。开沟器利用圆盘滚动切土，阻力小，切割土块和杂草的能力较强，不易挂草和堵塞；开沟时不易搅乱土层，且能用下层湿土覆盖种子，对整地要求不高，适应性较强；工作可靠，能进行高速作业。但其重量大，结构复杂，价格高，检查、调整和保养比较麻烦。一般用于大、中型播种机上。

• 芯铧式开沟器。芯铧式开沟器主要由芯铧、侧板和开沟器柄等组成（如图 4-10）。开沟器入土性能好，开沟较宽，沟底平整；能把表层干土和土块推向两侧，可防止干、湿土混杂。其缺点是阻力大，覆土比较困难。多用于小型播种机上。

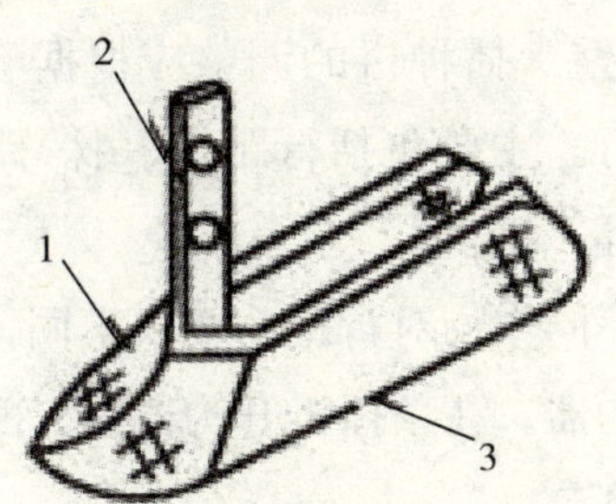

1. 芯铧；2. 开沟器柄；3. 侧板

图 4-10　芯铧式开沟器

3. 播种机的技术检查与调整

(1)播种机的技术状态检查　为了确保播种机能正常工作，在工作前应对各部件进行仔细检查和保养。主要操作内容如下：

①检查各部件紧固情况和变形损坏情况，如有松动，应及时紧固，对变形件和损坏件，应及时修复或更换。

②对各润滑点按要求进行润滑，加足润滑油。

③配有地轮的播种机应检查地轮的圆度和偏摆量，轴向和径向

摆差应不大于10毫米,轴向间隙应不超过15毫米。

④检查传动机构的链条紧度是否适当,各链轮应在同一平面内,齿轮传动应全齿宽啮合,齿顶与齿根间隙应不大于3毫米。

⑤检查输种(肥)管是否齐全或损坏。卷片式输种(肥)管缝隙应不超过2毫米。

⑥检查各开沟器安装位置是否正确,各行距偏差不能大于5毫米。

⑦检查排种(肥)装置,工作是否灵活,排种(肥)量是否保持均匀一致。

⑧检查播种机升降起落是否灵活,动力接合与分离是否迅速可靠。

(2)播种机的调整 播种机的调整应根据不同型号并结合当地的农艺技术要求进行。主要包括行距、穴(株)距、播种量、播种深度和划印器臂长调整等。

①行距调整。不同作物对行距的要求不同,因此,应按不同行距要求合理地配置开沟器。在条播机开沟器梁上配置开沟器(等行距)的数目可按下式计算:

$$n=\frac{L}{a}+1$$

式中:n——开沟器数;n 取整数,余数为未用梁长,多余尺寸进行等分。

L——开沟器梁有效长度(厘米)。

a——行距(厘米)。

②穴距调整。穴距大小和排种盘的槽孔数、地轮直径、排种轴的传动比有关。其中地轮直径为定值,因此可通过更换不同槽孔数的排种盘或改变排种轴的传动比来满足不同穴距的要求。

③播种量调节。

• 调节方法。播种量调节是为了保证播种机工作时的实际下种量与当地农业技术所要求的播种量相一致。播种量调节的方法是改变传动装置的传动比和排种装置的工作状况。如外槽轮式排种器可改变槽轮工作长度，圆盘式和窝眼轮式排种器可改变型孔大小及数目。

• 室内播种量试验。室内播种量试验是按农业技术要求的播种量，根据播种机的使用说明书和以往的使用经验，在初步选定适当的传动比和槽轮工作长度后进行的。方法如下：

先将播种机架空成水平状态，以保证地轮能自由转动。放下开沟器，从开沟器上拔出输种管，并在其下端放置盛种容器，在种子箱内加一定量的种子。在地轮上做记号，按播种机工作时地轮的正常转速（20～30 转/分钟）扳转地轮，把握均匀扳转地轮的速度，同时使各排种器中均充满种子。倒出盛种容器中的种子，将空容器重新置于输种管下端。

按相应作业均速转动地轮或驱动轮 N 圈，依次称量各容器内所收集的种子的重量；将各排种器实际排出的种子的重量，与按农业技术要求的播种量所计算出的每个排种器的应播种量进行对比。若各排种器的播种量不一致，可移动单个排种槽轮工作长度来校正。若总播量不符合要求，可调节手柄或重新选定传动比来调节。播种试验至少要重复三次，直到播种机的播种量与计算出来的应播量一致为止。

按农业技术要求的播种量计算每个排种器的应播种量时，可参考下式：

$$G=\frac{Q\cdot \pi D\cdot b(1+e)}{10000}\cdot N$$

式中：G——每个排种器的应播量（千克）。

Q——农业技术要求的每公顷播种量（千克）。

D——地轮直径(米)。

b——行距(米)。

e——地轮滑移系数(一般取 0.08)。

N——试验时地轮转动圈数(一般应大于 15 圈)。

• 田间播种量校正。室内播量试验是在播种机处于静止状态下进行的。在田间播种时,因受滑移率的变化、机器的振动和地形的变化等因素影响,实际播种量与室内不同,故应进行田间校正。方法如下:

选一已知长度的地块。在种子箱内装入一定量的种子,刮平后在种子箱内壁处做一标记。试播一趟,计算播种机播一趟的播种量 G。将质量为 G 的种子加入种箱,再刮平种箱内种子,检查与所作记号是否一致。若不一致,应进行相应调整。

④播种深度调整。播种深度即开沟器入土深度,其调整可分为统调和单调两种。对于牵引式播种机,统调是利用升降机构的深浅调节手轮控制;对于悬挂式播种机,是利用液压悬挂系统控制。单调可利用开沟器吊杆弹簧加压来控制,或利用销孔不同位置进行局部调节。

4.播种机的使用

(1)播种机田间运行方式 播种机在田间作业时,其运行方式主要有梭形播法、向心(离心)播法和套播法三种(如图 4-11)。

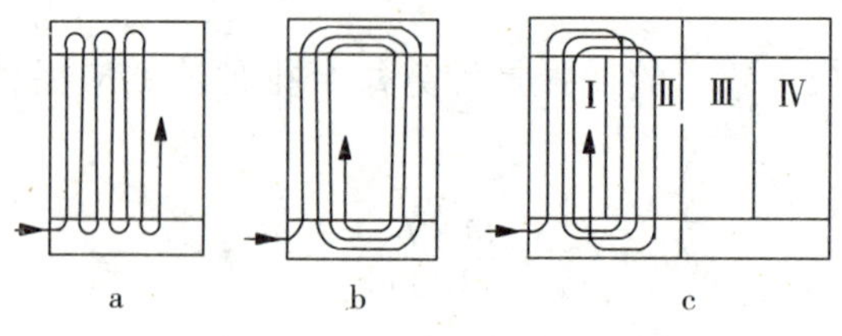

a. 梭形播法　b. 向心播法　c. 套播法

图 4-11　播种机田间运行方式

•梭形播法。机组沿田块一侧开始播种，播完一个行程后，在地头转一梨形弯进入下一行程，一趟接一趟，直至播完主要地段以后再播地头。优点是田块无需区划，运行简便；缺点是地头要留得宽，转弯空行时间多。

•向心播法。机组由地块一侧开始向内绕行。其优点是行走路线简单，只需要在一侧安装划行器用以导向；缺点是在地块中心需转梨形弯，地头宽度大。

•套播法。首先将田块沿宽度方向划分为若干宽度相等的偶数小区，小区宽度应为机组工作幅宽的整倍数。一般为 3 倍时，空行程最短。机组沿Ⅰ区的左侧开始播种，播完一个行程，在地头空行至Ⅱ区同侧反向行进。如此循环播完Ⅰ区和Ⅱ区，然后进入Ⅲ区和Ⅳ区，依次播完。这种播法的优点是地头宽度小，机组转弯方便；缺点是要求准确划分小区的宽度。

(2)播种机的安全操作

①要保证全苗、壮苗。用于播种的种子应经过清选，去掉杂质和质量差的种子。留下的饱满种子，还应进行药剂处理和发芽试验。

②播种机播种时播行要直，以确保邻接行不重、不漏，行距误差应不大于 2.5 厘米。

③在播种作业中，随时注意机器的工作状态，及时加种并及时清除排种器、输种管、开沟器内的杂草、泥块等堵塞物。消除堵塞物时，应使用木棍，不要直接用手，以免受伤。若堵塞严重，应停车清除。

④在播种作业中应尽量避免停车。停车后，重新开始播种前，要在开沟器前半米左右先撒一些种子，以免漏播，造成断条缺苗。

⑤播种机作业时不能倒退，否则泥土会堵塞开沟器，甚至损坏机件；若要倒退，必须把开沟器升起。

⑥作业中要经常检查机器紧固螺栓，清除堵塞，及时注油。播完

一个作物品种后，要认真清理种子箱、排种器等部件，严防品种混杂。播种作业结束后，要拆下开沟器、输种管，并涂油存放。排种器和排肥器要倒空，最好用木块把播种机垫离地面。

5.播种机的故障及其排除方法

播种机常见故障及其排除方法见表 4-1。

表 4-1　播种机常见故障及其排除方法

故障现象	故障原因	排除方法
开沟器堵塞	地面不平或根茬太多； 圆盘转动不灵活； 开沟过深。	平地或清除根茬； 拆下检修； 调整开沟深度。
行距不一致	开沟器配置不当； 开沟器拉杆变形； 开沟器拉杆固定螺丝松动。	正确配置； 矫正拉杆； 紧固螺丝。
播深不一致	播种机架左右不水平； 各行开沟器压簧压力不等； 机架变形； 开沟器磨损严重。	调平机架； 调整开沟器； 矫正机架； 更换磨损的开沟器。
播种量不均匀	播种量调节手柄固定螺丝松动； 各行槽轮工作长度不一致； 排种舌或挡板开度不一致。	紧固螺丝； 调整各行槽轮工作长度； 调整，使开度一致。
漏播	排种器堵塞； 种箱内种子太少； 输种管堵塞、脱落或损坏； 开沟器堵塞； 传动机构工作不正常。	清除堵塞物； 添加种子； 清除堵塞物，安装或修复输种管； 清除堵塞物； 修复传动机。

三、水稻插秧机

水稻插秧机的种类很多，按动力不同分为人力水稻插秧机和机动水稻插秧机；按栽插秧苗特性不同分为洗根大苗插秧机、带土小苗插秧机。洗根大苗插秧机拔洗费力，易伤秧，均匀性差，实现机械化耕作困难较大，故此类插秧机的发展受到了限制；而带土小苗插秧机是按工厂化生产程序育秧，通过对肥、土、水、气、温等条件的控制，实现了秧苗规格化、标准化，提高了机插质量，故此类插秧机得到了广泛的使用。本节着重介绍带土小苗机动插秧机。

1. 水稻插秧机的构造和工作过程

(1)整机组成及其工作过程(以 2ZT 型带土小苗机动水稻插秧机为例)　带土小苗机动水稻插秧机由发动机、行走传动系统、牵引架、工作传动系统、秧箱、秧船、分插机构、送秧机构、调节机构等组成，如图 4-12所示。

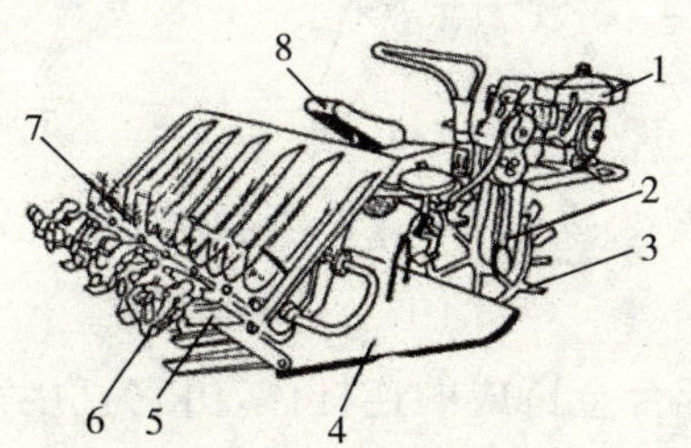

1. 发动机；2. 行走传动箱；3. 地轮；4. 秧船；5. 分插链箱；6. 分插机构；7. 秧箱；8. 驾驶室

图 4-12　2ZT 型带土小苗机动水稻插秧机

分插机构为其主要工作部件，是带推秧装置的分置式曲柄摆杆机构。工作时，将盘育带土秧苗装入整体分格式秧箱，一人驾驶操作。发动机的动力，一部分通过传动系统、行走轮转动使插秧机行走；另一部分传至插秧工作部分，进行分插秧和送秧。分置式曲柄摆杆机构的曲柄转动时，插秧臂上的钢针式秧爪(又称“分离针”)便进入秧箱取秧，并插入泥土中。与此同时，推秧器强制脱秧。插秧过程中，凸轮式移箱器则带动秧箱作横向连续移动，进行横向送秧。当秧箱内前排秧苗插完后，棘轮式纵向送秧机构便将后排秧苗整体送上。

2ZT 型插秧机动力传动路线如下：

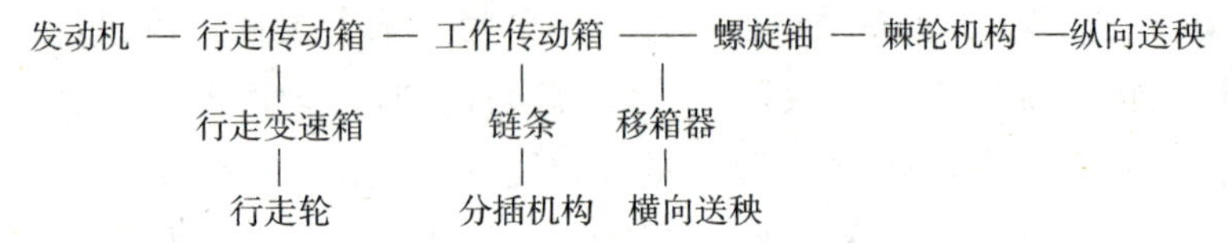

(2)插秧机的主要工作部件 插秧机的主要工作部件是分插机构和送秧机构。

①分插机构。2ZT 型插秧机上采用的是曲柄摇杆式分插机构，主要由插秧臂(连杆)、摆杆、曲柄、秧叉和推秧器等组成(如图 4-13)。

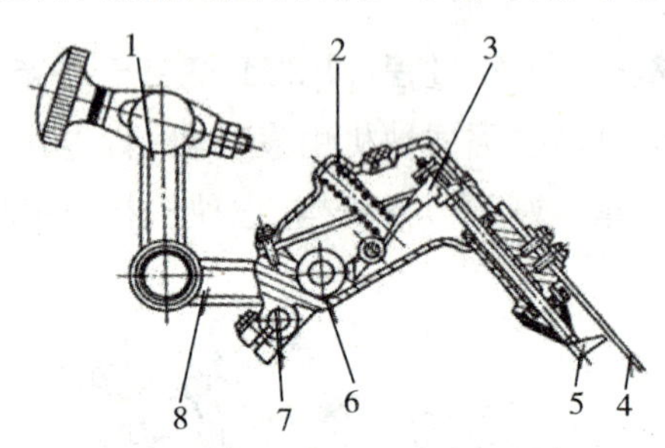

1. 摆杆；2. 推秧弹簧；3. 拨叉；4. 秧叉；5. 推秧器；6. 凸轮；7. 曲柄；8. 插秧臂

图 4-13 分插机构

插秧臂是用铝合金铸成的连杆体，由它直接完成分秧、取秧、送秧、插秧等分插秧工作，然后回程，进入下一轮分插秧工作过程。秧叉装在插秧臂盖的前端，由钢丝弯成，是直接进行分秧、取秧、运秧和插秧的零件。摆杆的一端连接插秧臂，另一端固定在秧箱后盖的长槽中；由于摆杆的作用，插秧臂由圆周运动变为适于分插秧的特定曲线运动，将曲柄把链箱动力传给插秧臂。推秧器在秧苗插入泥土一定深度后起作用，它把秧苗迅速推出秧叉，使秧苗在土中栽牢。

分插机构的整个工作过程受曲柄、插秧臂、摆杆和链箱支架所形成的四连杆机构控制，其运动轨迹如图 4-14所示。

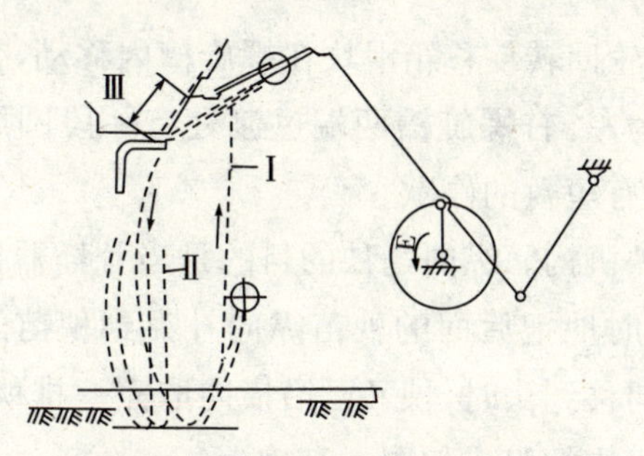

Ⅰ.静轨迹　Ⅱ.动轨迹　Ⅲ.取秧高度

图 4-14　秧叉运动轨迹

当曲柄随链轮轴转动时，插秧臂被驱动绕链轮轴作偏心转动。由于插秧臂后端受摆杆控制，所以其前端的秧叉端部形成特定的分插秧运动轨迹，此轨迹保证秧叉以适当角度进入秧门叉取秧苗，以近似于垂直的方向插入泥土中。当秧苗插入泥土后，插秧臂中的凸轮转到一定的位置，失去对推秧弹簧的压力，同时在弹簧弹力作用下推动拨叉把推秧器迅速推出，于是秧叉上的秧苗被推出并留在泥土中。

②横向送秧机构。横向送秧的目的是使秧爪在秧箱工作幅度内能均匀地取秧。2ZT 型插秧机上采用的是凸轮式移箱器，它由带有左、右螺旋槽的移箱凸轮、移箱滑块等组成（如图 4-15）。

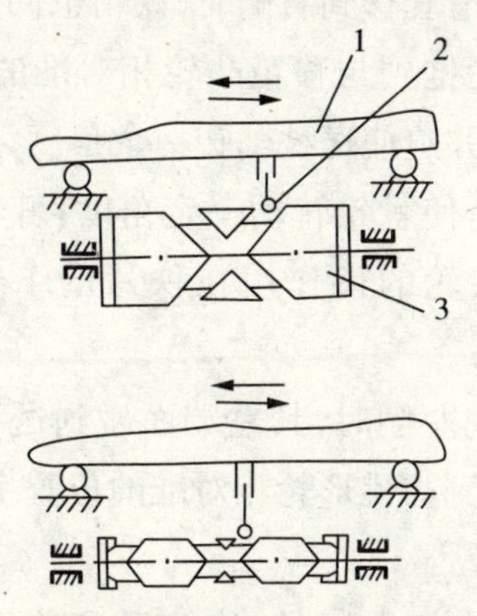

1. 秧箱；2. 移箱滑块；3. 移箱凸轮

图 4-15　横向移箱器

工作时，凸轮回转使移箱滑块在螺旋槽内移动，带动秧箱作横向往复运动。因为左、右螺旋槽两端过渡处有一段圆周形直槽，所以，移箱到两端时，有短暂的停歇。

③纵向送秧机构。纵向送秧的目的是当分插器把秧苗门处的秧苗取走后，能及时地把后面的秧苗纵向补充到秧苗门处。纵向送秧只是在秧箱横向移到头时，秧叉已沿横向取完一排秧苗后，才送一次秧。纵向送秧机构的组成如图 4-16 所示。

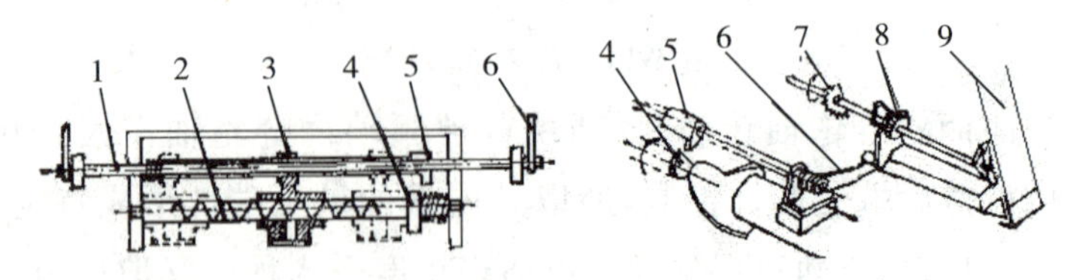

1. 送秧轴；2. 螺旋轴；3. 移箱滑套；4. 桃形轮；5. 送秧凸轮；6. 抬把；7. 送秧轮；8. 棘轮；9. 秧苗箱

图 4-16　纵向送秧机构

纵向送秧机构通过一组凸轮机构和一组棘轮机构来进行动力传递。螺旋轴的桃形轮既能随螺旋轴转动，又能在轴上移动；纵向送秧轴的送秧凸轮既可带动纵向送秧轴偏转，又能在轴上移动。

工作中，当移箱滑套移到右侧时(秧箱也同时移到右侧)，移箱滑套的右端面把桃形轮推到与移箱凸轮相对准的位置上，桃形轮转动中便推动移箱凸轮，并迫使送秧轴转一个角度；送秧轴两端的抬把随轴偏转，推动棘齿座，使棘轮转动一定角度；棘轮轴便带动送秧轮转动同样的角度；送秧轮的齿作用在秧片的下部，将秧片向前推送一次。

当移箱滑套移到左侧时，其左端面碰到送秧凸轮套管左端的突起上，把运秧凸轮拉到与桃形轮相对准的位置上。按上述过程，送秧轮又送秧一次。

在纵向送秧机构起作用时，移箱滑套移至螺旋轴两端的一段1800 直槽位置，使秧箱正好处在停止左、右移动的位置上，因此秧片

能够在秧箱处于静止状态时，整体地向前推送，提高了送秧质量。每次送秧结束后，桃形轮、送秧凸轮和抬把均在各自的弹簧作用下，恢复到原来的位置。

2.水稻插秧机的安装与技术检查

(1)秧箱移动灵活性检查 秧箱下横梁上的下滑道应紧贴在秧门导轨上，以保证秧箱移动灵活。如果不符合要求，应改变下滑道在下横梁上的固定位置。

(2)秧叉进入秧门的侧面间隙检查 秧叉进入秧门时，两侧侧面间隙应相等，且保持在1.25～1.75毫米。如果不符合要求，可松开插秧臂轴上的螺母，在插秧臂和摆杆之间增减垫片来改变秧叉进入秧门时的左右位置。

(3)秧叉与秧箱两端测壁间隙检查 转动移箱轴，当秧箱移动到左、右两端位置时，秧叉与秧箱侧壁间隙应为1～1.5毫米。若不符合要求，可松开移箱轴两端的驱动臂夹子，用手推动秧箱，改变驱动臂夹子在移箱轴上的位置。位置调好后，必须把驱动臂夹子固定螺丝锁紧，并用手转动万向节，使秧箱往返移动一个行程以上，待验证无误后，才能进行动力传动。

(4)取秧和送秧时间定位检查 插秧机工作时，要求秧叉取秧、秧箱横向送秧和送秧轮纵向送秧等动作协调一致，时间配合准确。秧箱横向移动和送秧轮纵向送秧均应在秧叉取完秧苗，并移到秧门下100～140毫米时进行。为此，进行链轮轴、工作传动箱中各轴上的齿轮装配时，必须先找出使用说明书所注明的记号。安装时，必须严格按记号相互对准，不得错位。在挂接链条时，应把插秧臂上的秧叉尖放到秧门上方约20毫米位置处，再进行挂接。

(5)推秧器的装配技术检查 推秧器与秧叉针之间的配合间隙应为0.7～2毫米，间隙过大会造成夹持秧苗或拖带秧苗的现象。装配秧叉时，要小心谨慎，紧固螺丝拧动不能过大，否则铝件签易脱扣。

取秧时推秧器压脚与秧叉尖距离为16毫米。在插秧臂运动至最下端位置时，推出行程为16毫米。若推出行程过大，可将推秧器更换为缓冲胶垫来解决。

3.水稻插秧机的使用与调整

(1)插秧前的准备工作

①检查各零部件技术状态是否完好，运动是否灵活，配合关系是否准确。

②对各运动部件加注润滑油。

③根据秧苗情况和农业技术要求，对有关零件做必要的调整或改装，如取秧量、秧爪入帘高度和穴距等。

④机器在正式作业前，必须进行试插，观察各零部件的技术状态是否良好，检查作业质量，发现问题，应及时调整。

(2)装秧的技术要求 向秧箱内装好秧苗可以大大减少漏秧、钩秧，并能提高插秧均匀度，所以必须充分重视。

①插带土小苗装秧时，秧块连接部分要紧靠，不重不缺，不宽不窄，以免漏插。尽量避免外形不规整的秧块拼接使用。

②插无土小苗装秧时，将育秧盘上培育的壮苗卷制成捆。装秧时均匀铺放，紧贴秧箱，不弓起。连接处要对齐，不得留有间隙，以防漏插。

装秧手在工作过程中，必须经常注意作业质量，发现漏插和明显不均匀时，要及时分析原因，并立即排除。

(3)插秧 发动机起动后，装秧手操纵提升手柄将分插机构放到所需要的插深位置。驾驶员先将株距手柄放到所需要的株距位置，然后把主离合器手柄接合，并立即把插秧手柄放到插秧位置，开始插秧。

水稻插秧机一般都采用梭形作业法(如图4-17)。为减少人工补插面积，通常进入作业时，先留出一个插秧机的工作幅宽，地头转弯

处也要留出一个插秧机的工作幅宽。当田中间插完后，插秧机绕田一周，把田边和地头插上秧，最后由人工补插四角。

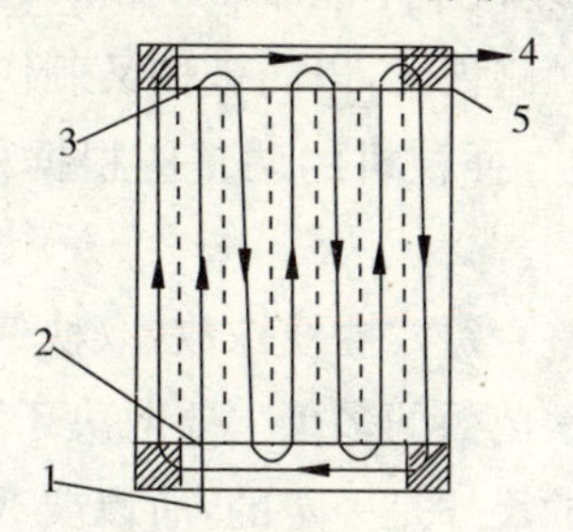

1. 进入；2. 开始插秧；3. 停止插秧；4. 出口；5. 人工补插区

图 4-17 梭形作业法

(4)插秧机的安全操作

①插秧机在工作时，严禁秧船上站人，以防挂链崩断和损坏其他机件。

②为保证秧苗栽插质量，除要求正确安装机器外，还要求整地质量要好。其标准是：田面平坦、上细下粗，并在适当沉淀后插秧，防止秧船拥泥和秧苗下陷。

③操作插秧机，变挡时不允许猛推硬挂；挂挡后，离合器结合要平稳，防止损坏工作部件。

④机动插秧机在田头转弯或越埂时，必须先使分插机构停止工作，升起秧爪排（分插轮）。田间越田埂时，装秧手应从机器上下来，帮助机器越过田埂。

⑤插第一趟时，应离开田埂 2 米，最后绕田边一周插完，从田角出去。当插到倒数第二趟、待插田幅宽小于两个工作幅宽时，应拿掉几个秧箱里的秧苗，以保证最后一趟用完。在每一次接行时，应保持行距一致。

⑥在插秧过程中，驾驶员与装秧手应密切配合。若装秧手来不及装秧、秧箱里的秧苗过少或插秧质量变坏，驾驶员应降低机器速度或停车检查。如田间遇到障碍物，应立即停止插秧并升起秧爪排（分

插轮)，待机器越过后再进行作业。

⑦插秧机工作时，装秧手不能靠压秧箱，以防机件加速磨损而变形。作业中严禁用手触碰秧叉，以防被秧叉刺伤。

(5)插秧机的调整 插秧机的调整应根据秧苗与当地农业技术要求进行。

①每穴株数的调整。每穴插秧株数(取秧量)是由农业技术要求决定的。秧叉每次取秧苗数的多少主要取决于秧叉的取秧面积和秧苗的密度。由于秧叉的尺寸是一定的，所以要改变插秧机的取秧量，主要是要改变秧箱深度。

对秧叉尖部进入秧箱的深度，可采用改变摆杆固定螺丝在链箱后盖上的固定位置来调节。

②插秧深度调整。控制水稻插秧深度是保证增产的重要方法之一。调节的原则是：在秧苗插牢的前提下，以浅插为宜。插秧的深度与秧苗的长度有关，一般在20～30毫米。

插秧深度的调节是改变链箱与秧船的距离，方法是直接用升降调节杆改变链箱在秧船上的固定位置。当转动升降调节杆使链箱升起时，插秧深度变浅，反之深度加深。

③株距调节。插水稻的株距大小主要受插秧机的前进速度控制。在秧叉插秧频率不变的前提下，插秧机前进的速度加快，则株距增加；反之株距减小。

一般插秧机上有四个挡位。I、II挡为插秧挡，当插秧机前进速度为1.94千米/小时(II挡)时，其株距一般为12厘米左右；当插秧机前进速度为1.57千米/小时(I挡)时，其株距一般为10厘米左右；III挡是运输挡，当插秧机的前进速度为8.2千米/小时左右、变速手柄在此挡位时，动力输出轴的动力传递被自动切断，各工作机构停止工作；最后一个是空挡，行走动力被切断，插秧机停止前进。但动力输出轴仍可经离合器把动力输给工作机构，以便在停车状态时，能对插秧机进行试运转。

4.水稻插秧机的故障及其排除方法

插秧机常见故障及其排除方法见表4-2。

表4-2　插秧机常见故障及其排除方法

故障现象	故障原因	排除方法
一组插秧臂不工作,并有响声	秧门口有异物阻止秧叉工作,安全离合器起作用；	排除异物,更换已坏秧叉；
一组插秧臂不工作,但无响声	安全离合器弹簧弹力太弱。	加垫片或更换弹簧。
推秧苗器不工作	推秧杆弯曲； 推秧苗弹簧弱或损坏； 推秧苗拨叉生锈； 插秧臂内部缺油； 秧叉变形； 推秧苗器与秧叉间隙不当。	校正或更换推秧杆、推秧弹簧、秧叉以及注油。
推秧苗器推杆过分松动	插秧臂导套磨损严重。	更换导套。
插秧臂体内进泥水	油封损坏或密封性差。	更换油封。
插秧臂内部有清脆敲击声	缓冲胶垫损坏或未装。	补装胶垫。
秧箱横向送秧时有响声	导轨和滚轮缺油或磨损。	加油或换件。
秧箱两边有剩秧	秧箱驱动臂夹子松动； 滑套、螺旋轴、指销磨损。	紧固驱动臂夹子螺栓； 更换磨损件。
纵向送秧失灵	棘轮齿磨损； 棘爪变形或磨损； 送秧弹簧弱或损坏； 送秧凸轮与轴连接锁圈和钢丝销脱落。	更换损坏零件,装上脱落零件。

第五章

植保机械使用与维修

一、植物保护的意义及农业技术要求

植物保护是防止农作物遭受病、虫、草害，确保农业丰产丰收的必要措施。植物保护的方法很多，有农业技术防治法、生物防治法、物理防治法及化学防治法等，其中化学防治法应用最为广泛。化学防治法是利用植保机械喷洒化学药剂来消灭病、虫、草害。常用的植保机械有喷雾机、喷粉机等，如图 5-1和图 5-2所示。

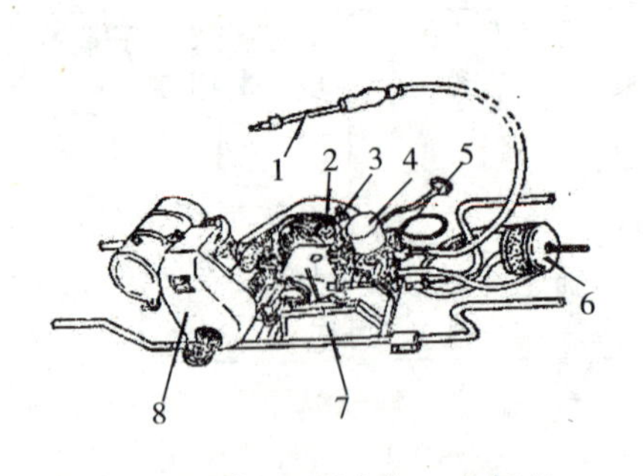

1. 喷枪；2. 调压阀；3. 压力表；4. 空气室；5. 截止阀；6. 滤网；7. 液泵；8. 动力机

图 5-1 担架式喷雾机

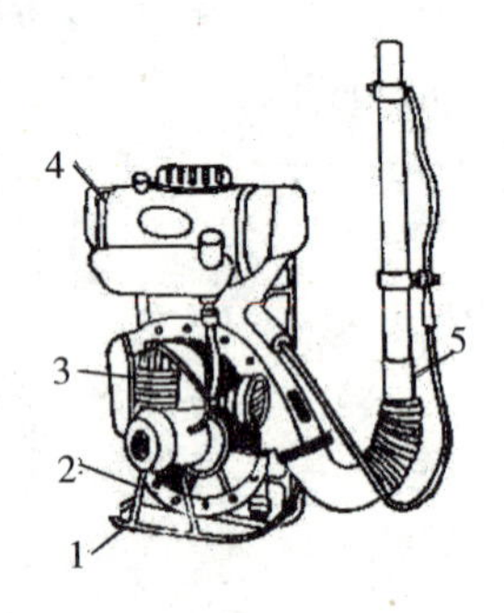

1. 机架；2. 风机；3. 汽油机；4. 药箱；5. 喷管组件

图 5-2 弥雾喷粉机

喷雾机利用喷头把液剂雾化成 100～300 微米直径的雾滴，使药液较均匀地黏附在植株上。喷雾有药效持久、受气候影响小的优点，故使用最广泛，但其耗功大、需水量多。

喷粉机利用高速气流把粉剂喷洒到作物上。喷粉机有结构简单、生产率高、耗能少等优点；但干粉黏附性差，耗药量大，受自然风影响大，故一般多用于干旱、缺水地区。

化学药剂对病、虫、草进行毒杀的同时，容易对环境造成污染，并且若使用不当，还会对作物产生药害和对人身构成中毒威胁，因此操作必须符合规程，施洒量必须符合农业技术要求。

对于喷雾机，农业技术对它的具体要求有如下几点：

①雾化良好，雾滴大小合适，能较好地黏附在作物的茎叶上，避免流失和蒸发。

②药量适当，既达到防治效果，又不浪费药液，从而减少对环境的污染。

③药液浓度符合要求并均匀一致，防止药液局部过浓而产生药害。

④药液分布均匀，作物需要雾粒的各个部位都应覆盖到。

⑤有足够的射程，能适应不同防治对象的需求，如大田作物和果林对射程就有不同的需求。

二、喷雾机的使用与维修

1.喷雾机的构造与工作过程

(1)手动喷雾器的结构及其工作过程　手动喷雾器主要由活塞泵、空气室、药液桶、吸水管、喷杆、开关及喷头等组成，如图 5-3所示为工农-16 型手动喷雾器的结构组成。

工作时，操作人员将喷雾器背在身后，通过手压杆带动活塞在缸筒内上下运动。当塞杆上行时，皮碗活塞由下向上运动，皮碗下方由

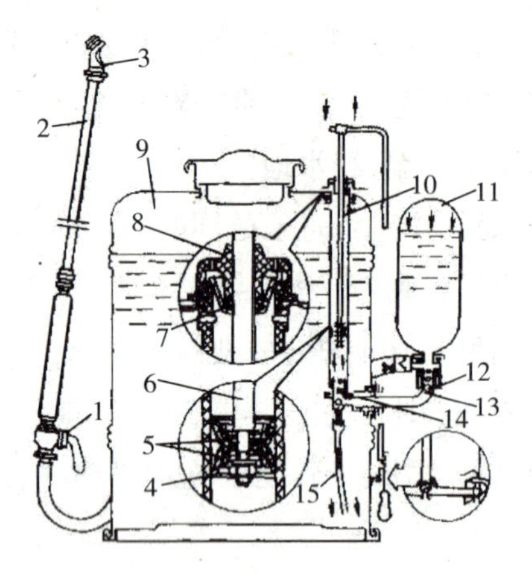

1. 开关;2. 喷杆;3. 喷头;4. 固定螺母;5. 皮碗;6. 活塞杆;7. 毡圈;8. 泵盖;9. 药液桶;
10. 缸筒;11. 空气室;12. 出水阀;13. 出水阀座;14. 进水阀座;15. 吸水管

图 5-3　工农-16 型手动喷雾器

皮碗和泵筒组成的空腔容积不断增大,形成局部真空,药液桶内的药液在液面和空腔内的压力差作用下,冲开进水球阀,沿着进水管路进入泵筒,完成吸水过程;当塞杆下行时,皮碗由上向下运动,泵筒内的药液被挤压,使药液压力增大,进水球阀将进水孔关闭,药液只能通过出水阀内的管道,推开出水球阀进入空气室。空气室内的空气被压缩,对药液产生压力。

打开开关,药液通过喷杆进入喷头,当高压液体经过喷头的斜孔进入喷头内的涡流室时,便产生高速回旋运动。在回旋运动的离心力及喷孔内外压力差的作用下,药液通过喷孔与相对静止的空气介质发生撞击,碎成细小的雾滴从喷头喷出。

(2)机动喷雾机的结构及其工作过程　机动喷雾机的动力是柴油机或汽油机。较为常用的是担架式机动喷雾机,可广泛用于大田作物、果园和园林的病虫害防治。如图 5-4所示为工农-36 型担架式机动喷雾机,它主要由发动机、液泵、调压阀、压力表、空气室、流量控制阀、滤网、喷头(喷枪)和机架等组成。

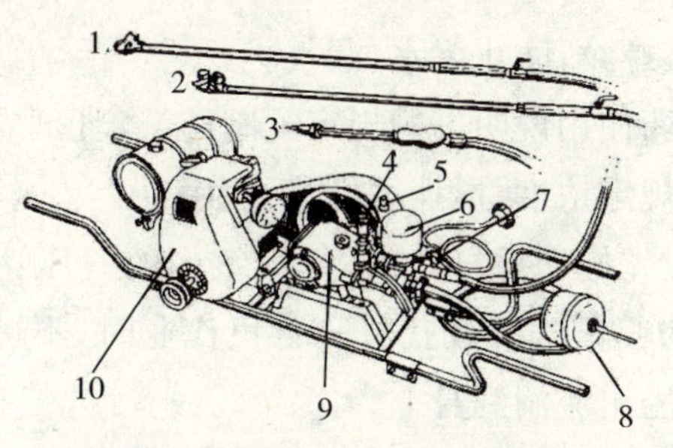

1. 双喷头；2. 四喷头；3. 喷枪；4. 调压阀；5. 压力表；6. 空气室；
7. 流量控制阀；8. 滤网；9. 液泵；10. 汽油机

图 5-4　工农-36 型担架式机动喷雾机

担架式机动喷雾机的工作过程如图 5-5 所示。启动动力后，动力经传动部件带动液泵工作，水流经吸水管、滤网进入液泵内，并被压入空气室。压力水流经流量控制阀进入射流式混药器，在混药器射流作用下，将母液吸入混合室并与水进行混合，经喷雾胶管，由喷枪喷出。

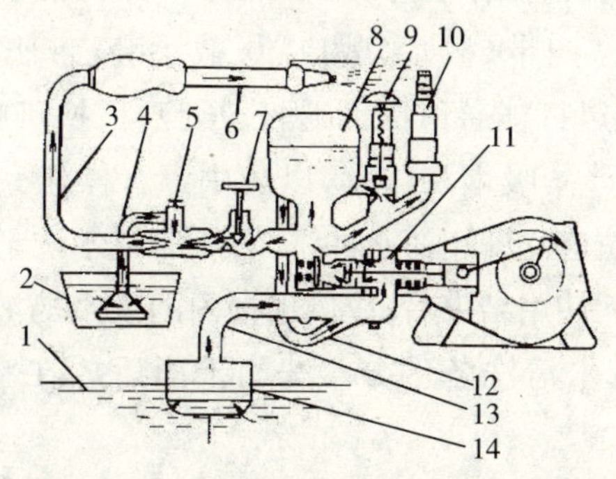

1. 水源；2. 母液桶；3. 输液管；4. 吸药管；5. 混药器；6. 喷枪；7. 流量控制阀；8. 空气室；
9. 调压阀；10. 压力表；11. 液泵；12. 回流管；13. 吸液管；14. 滤网

图 5-5　工农-36 型担架式机动喷雾机工作过程图

2. 喷雾机的使用

(1)手动喷雾器的使用　在装配前，要按产品说明书检查各部分零件是否缺少，各接头处的垫圈是否完好，然后将各零部件进行连接，并拧紧连接螺纹，防止漏水、漏气。

严格按农药使用说明书的规定配制药液，乳剂农药应先放清水，再加入原液至规定浓度，搅拌、过滤后使用。

作业时，应先摇动摇杆数次，使气室内的气压达到工作压力后，再打开开关，边喷雾边摇动摇杆。背负作业时，不可过分弯腰，以防药液从桶盖处溢出流淌到身上。

向药液柄内加注药液时，应将其开关关闭，以免药液漏出，并用滤网过滤药液。药液不要超过桶壁上水位线的指示位置，如果加注过多，作业时泵盖处会出现溢漏现象。加注药液后，必须盖紧桶盖，以免作业时药液漏出或晃出。

作业时，桶盖上的通气孔应保持畅通，以免药液桶内形成真空，影响药液的排出。空气室中的药液超过夹环（即安全水位线）时，应立即停止打气，以免空气室爆炸。

在喷洒农药时，操作者应做到"三穿"（穿长袖衣并扎紧袖口、穿长裤、穿鞋袜）、"四带（戴）"（戴口罩、戴手套、带肥皂、带工具零备件）、"五打"（顺风打、隔行打、倒退打、早晚打、换班打），以确保人身安全。操作时，严禁吸烟和饮食，以防中毒。操作完毕后，凡人身与药液接触的部位应立即用清水冲洗，再用肥皂水洗干净。

喷雾器每天使用结束后，应倒出桶内的残余药液，并加少许清水喷洒，然后用清水清洗各部分。洗刷干净后放在室内通风干燥处存放。

(2)机动喷雾机的使用　要按照说明书将机具组装好，保证动力的皮带轮和液泵的皮带轮对齐；螺栓紧固；皮带松紧适当，皮带及皮带轮运转灵活；安装好防护罩。

按照说明书中的规定，给液泵的曲轴箱加入润滑油至规定的油位，以后每次使用前和使用中都要检查油位是否正常。检查汽油机或柴油机的油位，若不足，则按照说明书规定的牌号予以补充。

选用喷洒部件和吸水滤网部件。对于水稻和临近水源的高大作

物、树木,可在截止阀前装上混药器,再依次装上直径13毫米的喷雾胶管、远程喷枪。在田间吸水时,吸水滤网上要有插杆。

启动和调试时,先检查吸水滤网,滤网必须沉没于水中。将调压阀的调压轮按逆时针方向调节到较低的压力位置,再把调压手柄按逆时针方向推至卸压位置。启动发动机,低速运转10～15分钟,有水喷出且无异常声音,可逐渐提速至泵的额定转速。将调压手柄按逆时针方向推至加压位置,按顺时针方向慢慢旋转调压轮加压,至压力指示器指示到额定工作压力为止。用清水进行试喷,观察各接头处有无泄漏现象,喷雾状况是否良好,混药器工作是否正常。

作业时应经常察看吸水滤网或吸药滤网是否堵塞,若有杂物,应立即清理干净。

每天作业后,应在使用压力下用清水继续喷射2～5分钟,清洗液泵和胶管内的残留药液,防止残留药液腐蚀机件。

3.喷雾机的故障及其排除方法

(1)手动喷雾器的常见故障及其排除方法　以工农-16型背负式喷雾器为例,其常见故障及其排除方法见表5-1。

表5-1　工农-16型背负式喷雾器的常见故障及其排除方法

故障现象	故障原因	排除方法
喷雾压力不足	进水球阀被污物搁起; 皮碗破损; 未装密封圈,或密封圈损坏。	拆下进水球阀,用布清除污物; 更换皮碗; 加装或更换密封圈。
加压时,泵盖处漏水	药液加得过满; 皮碗损坏。	将药液倒出一些; 更换皮碗。
喷头雾化不良	喷头体的斜孔被污物堵塞; 喷孔堵塞; 套管内的滤网堵塞; 进水球阀小球搁起。	疏通斜孔; 拆开喷孔进行清洗; 拆开清洗滤网; 清除污物。

续表

故障现象	故障原因	排除方法
开关漏水	开关帽未旋紧； 开关芯上垫圈磨损； 开关芯表面油脂涂料少。	旋紧开关帽； 更换垫圈； 涂一层浓厚油脂。
开关拧不动	放置日久或使用过久，开关芯因药剂侵蚀而黏住。	拆下零件在煤油或柴油中清洗，拆卸有困难时，可在油中浸泡后再拆。

(2)机动喷雾器的常见故障及其排除方法　以工农-36型担架式喷雾器为例，其常见故障及其排除方法见表5-2。

表5-2　工农-36型担架式喷雾器的常见故障及其排除方法

故障现象	故障原因	排除方法
吸不上液体或吸入量少	吸水滤网未完全浸入液体中或滤网孔堵塞； 水泵吸水接头漏气； 吸水管破裂； 活塞平阀处有污物搁住或损坏； 出水阀弹簧失灵。	将吸水滤网浸入液体中并清除堵塞物； 拧紧吸水接头螺母或更换垫圈； 修补破裂处或更换新管； 清除污物或更换平阀； 检修或更换弹簧。
能吸上液体，但压力调不高	吸水滤网孔堵塞； 活塞的胶碗损坏； 阀门被污物搁住或损坏； 卸压手柄扳紧； 调压阀内弹簧断裂； 调压阀门损坏或被污物搁住。	清除堵塞物； 更换活塞胶碗； 清除污物或更换阀门； 将卸压手柄按逆时针方向扳紧； 更换弹簧； 清除污物或更换阀门。
混药器不能吸药或吸药不稳定	吸药组件有漏气处； 吸水或吸药滤网堵塞； 射嘴的射口前移，端部碰到衬套； 射嘴口或衬套口磨损严重。	检查各连接及密封垫圈，并拧紧； 清除堵塞物； 在射嘴安装面加垫圈； 换新件。
喷枪雾化不良	发动机转速低； 吸水滤网堵塞； 活塞工作不良； 调压阀零件损坏； 喷枪喷孔变大。	提高发动机转速； 清除堵塞物； 更换活塞损坏的零件； 更换阀门或更换断裂弹簧； 更换喷嘴。

续表

故障现象	故障原因	排除方法
吸水座（活塞杆处）小孔漏水或漏油	漏水是前部水封胶圈损坏； 漏油是后部油封胶圈损坏。	更换水封胶圈； 更换油封胶圈。

三、弥雾喷粉机的使用与维修

弥雾喷粉机是一种背负式、小动力新型植保机械，具有轻便、机动性好、功耗低等优点，并且还能一机多用，只要在此机器上更换少量的工作部件，就可以进行弥雾、喷粉、超低量喷雾以及喷烟等作业。

喷粉机械主要用于平原、丘陵地区粮、棉、蔬菜等多种农作物的病虫害防治，也能用于仓库害虫的防治和卫生防疫等。喷粉机械不需要用水，所以在缺水地区有明显的优越性。

1.弥雾喷粉机的构造工作过程

(1)结构组成　背负式东方红-18 型机动弥雾喷粉机是一种使用较为普遍的弥雾喷粉机，它由风机、药箱、喷管、机架和汽油发动机等组成(如图 5-5)。

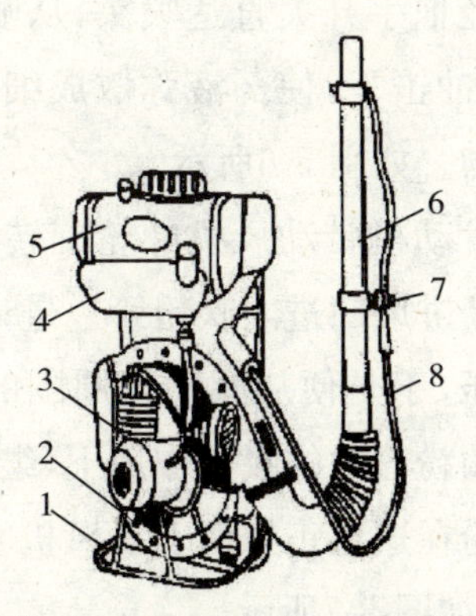

1.机架；2.风机；3.汽油机；4.油箱；5.药箱；6.喷管；7.药液开关；8.药液管

图 5-5　背负式东方红-18 型机动弥雾喷粉机

该机重 14 千克，药箱容量 11 升，风机为离心式，发动机功率为

1.1千瓦,转速为5000转/分钟。由于风机叶轮与单缸双冲程风冷式汽油发动机的曲轴输出端直接相连,因此发动机起动后,风机以同样转速旋转,产生约70米/秒的高速气流,用以进行弥雾或喷粉作业。

工作时,粉箱内的药粉通过输粉管进入弯头,与高速气流混合后吹到塑料薄膜喷管内,然后从各个小孔喷射出来。既能均匀地喷洒在作物的枝叶上,又能有大量的粉粒在离地面1米左右的空间悬浮一段时间,所以具有较好的杀虫效果。

(2)工作过程 背负式东方红-18型机动弥雾喷粉机的工作过程是:由汽油机直接驱动单级离心式风机,产生具有一定压力的高速气流。药箱中的药液或药粉(颗粒)被连续不断地输送到喷洒部件,然后依靠高速气流的作用,完成药液的雾化,并与空气均匀混合,进行雾、粉的喷施。

当用于弥雾时,发动机带动风机叶轮旋转,产生高速气流,并在风机出口处形成一定压力。大部分高速气流经风机出口流入喷管,少量气流经进风阀、进气塞、软管、滤网、出气口进入药箱,使药箱内形成一定的风压。在风压作用下,药箱内的药液经塑料粉门、出水塞接头进入输液管,再经把手开关直达喷头,从喷嘴周围的小孔流出,在喷管的高速气流的冲击下,使药液弥散成细小雾滴,吹向喷口,形成锥状雾束,洒向植物。如图5-6所示。

当用于喷粉时,发动机带动风机叶轮旋转,产生高压气流,大部分流经喷管,一部分经进风门进入吹粉管。进入吹粉管的气流,速度高,而且有一定的风压,于是便从吹粉管周围的小孔钻出,使药粉松散,吹向粉门口。在输粉管内的吸力作用下,继续吹向弯头上的下粉口,并进入喷管。药粉在这里正好遇上从风机吹来的高速气流,充分混合后从喷管喷出。如图5-7所示。

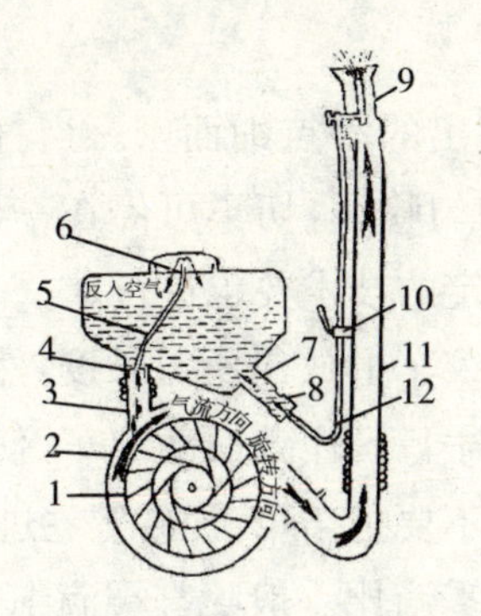

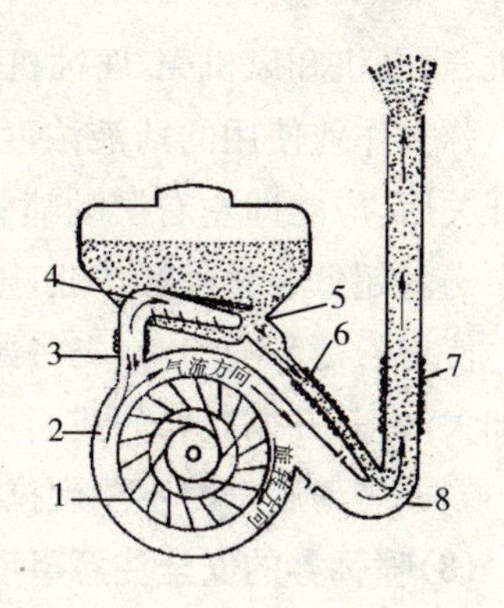

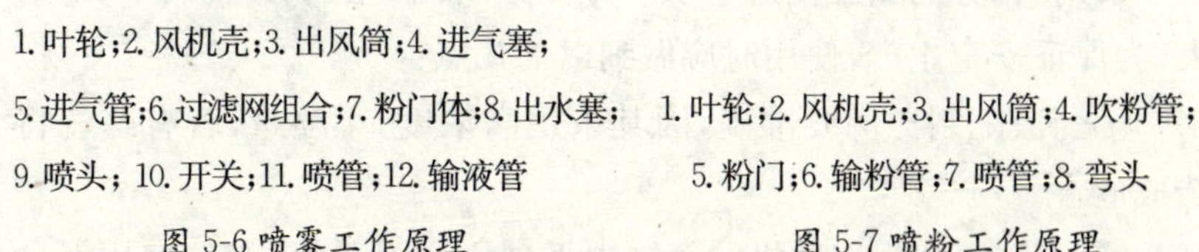

1.叶轮;2.风机壳;3.出风筒;4.进气塞;
5.进气管;6.过滤网组合;7.粉门体;8.出水塞;
9.喷头;10.开关;11.喷管;12.输液管

图 5-6 喷雾工作原理

1.叶轮;2.风机壳;3.出风筒;4.吹粉管;
5.粉门;6.输粉管;7.喷管;8.弯头

图 5-7 喷粉工作原理

2.弥雾喷粉机的使用和维护

(1)弥雾喷粉机弥雾作业用药量的估计　在进行弥雾作业时,如何选择农药与确定用药量是一项很重要的工作。施药量的多少应根据受害作物的种类、生长状况、农药性能、使用方法等来确定。用背负式弥雾喷粉机进行弥雾作业时,用水配制药液,浓度比常规喷雾药液应高 10 倍左右。

(2)弥雾喷粉机的使用方法　工作前,检查各连接部分、密封部分和开关控制部分等是否完好,以防出现松脱、泄漏等现象。充分备好易损件,以保证机具正常作业,提高可靠性。使用的药物、粉剂要干燥过筛,液剂要过滤,防止结块或杂物堵塞开关、管道或喷嘴。加药前,应将控制药物的开关闭合;加药后,应旋紧药箱盖。

作业时,先将汽油机油门操纵把手徐徐提到所需转速的位置,待稳定运转片刻后,才能打开控制药物的开关进行喷撒;停止喷撒时,先关闭药物开关,再关闭汽油机油门。一般情况下,允许不停机加药,但汽油机应处于低速状态,并注意不要让药物溢出,以免浸湿发动机、磁电机和风机壳，腐蚀机体。

弥雾作业使用的药液浓度较大，喷出的雾点细而密。当打开把手开关后，应立即左右摆动喷管进行均匀喷洒，切不可停在一处，以防中毒。超低容量喷雾作业，则应按特定的技术要求进行。

使用长薄膜喷粉时，先将薄膜管从绞车上放出所需长度，然后逐渐加大油门，并调整粉门进行喷撒，同时上下轻微摆动绞车，使撒粉均匀。放置薄膜管时不要硬拉，收起时不要把杂草、泥砂等卷进去。

(3)喷弥雾的安全注意事项 弥雾雾滴比一般喷雾雾滴细、浓度大，为保证安全生产，使用时应做到以下几点：

①药液配制比例要准确，因其采用高浓度、小喷量，若有疏忽将造成危害。

② 单缸双冲程汽油机的气缸中无独立润滑系统，必须使用混合油（汽油与机油的混合比为 20∶1），切勿单独使用汽油作燃料。

③向药箱加药液时必须使用滤网，药液不能加得过满，以免药液流出药箱，浸湿发动机、滋电机和风机外壳，以及从进气软管流入风机，造成机件腐蚀。加液后药箱盖要旋紧，以免漏气影响输液压力。

④喷洒进行中，必须均匀地左右摆动喷管，以提高均匀度和增加喷幅，不要逆风喷洒，以防中毒。

⑤喷洒果树等高大植物时，应注意不要让喷管弯折。喷洒时间以早晨为好，因早晨风小，且有上升气流，射得可以高一些。

⑥其余安全注意事项与喷雾机的使用注意事项相同。

(4)弥雾喷粉机的维护

①每次喷洒结束后，应打扫干净。如喷的是药液，应用清水继续喷几分钟，以洗去残存药液；如喷的是药粉，应让空机运转几分钟，借助风力吹净残存药粉。

②如存放的时间较长，应拆卸机具，彻底清除各部件上的残药、灰尘、油污，并用碱水或肥皂水清洗药箱、风机、输液管等，然后再用清水洗涤。风机壳清洗吹干后，涂上黄油，以防锈蚀。各种塑料件和

橡胶件，应单独存放，不要挤压，以免变形。

3.弥雾喷粉机的故障及其排除方法

弥雾喷粉机的常见故障及其排除方法见表5-3。

表5-3　弥雾喷粉机的常见故障及其排除方法

故障现象	故障原因	排除方法
喷雾量少	喷头或开关堵塞； 加压软管脱落或扭转成螺旋状； 药箱破裂或药箱漏气； 进风阀未打开； 发动机转速低。	拆下喷头或开关清洗； 重新安装； 修补或更换药箱盖胶圈； 打开进风阀； 排除发动机故障。
输液管各接头漏液	塑料管连接处被药液泡软而松动。	用铁丝扎紧或更换新品。
药液进入风机	药液过满，从加压软管流进风机； 进气塞损坏漏药液。	药液不要加的太满； 重新安装或更换新品。
药箱漏水或跑粉	药箱盖未旋紧； 胶圈损坏或未垫正。	把药箱盖放正并旋紧； 更换或重新装正。
不出粉	粉过湿； 未装吹粉管； 吹粉管脱落或堵塞； 粉门未打开； 输粉管堵塞。	不能用过湿药粉； 装上吹粉管； 重新安装并清除堵塞物； 打开粉门； 清除堵塞物。
喷粉量少	粉门未打开； 药粉潮湿； 输粉管堵塞； 吹粉管未装上； 发动机转速低。	粉门全部打开； 换用干燥粉； 清除堵塞物； 重新装上吹粉管； 排除发动机故障，恢复发动机转速。
叶轮擦风机壳	装配间隙不对； 风机外壳变形。	重新装配，保证正常间隙； 修复外壳。

第六章

排灌机械使用与维修

排灌机械是农用机械的重要组成部分。只有做到旱能灌、涝能排,才能抵御自然灾害,保证农作物高产、稳产。目前,我国采用的灌溉方法有地面灌溉、渗溉、喷溉和滴溉等。常用的排灌机械是水泵和喷灌机。

一、水泵的使用与维修

1.水泵的种类

农用水泵多为叶片式,常见类型有离心泵、轴流泵、混流泵三种,如图 6-1所示。

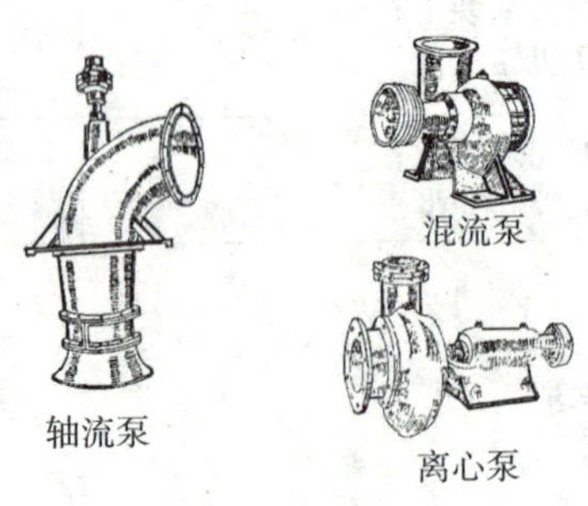

图 6-1　泵的基本类型

2.水泵的构造与工作原理

(1)离心泵 离心泵是靠高速旋转的叶轮带动水高速旋转,利用离心力将水甩出,从而实现提水的目的。农业上应用较多的是单级单吸式离心泵,它由叶轮、泵体(泵壳)、填料密封装置、轴承、托架等部件组成(如图 6-2)。

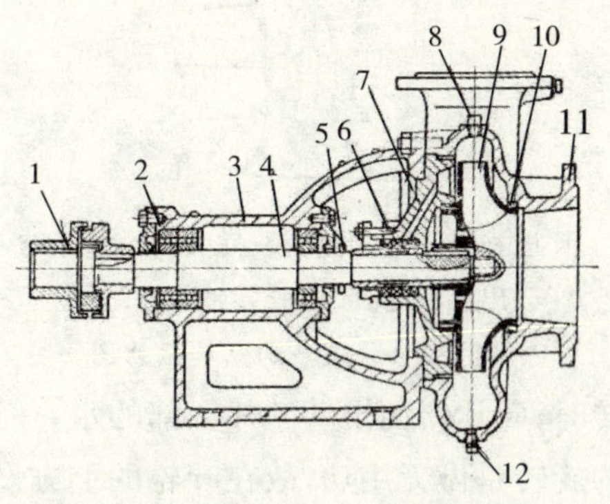

1.联轴器;2.轴承;3.托架;4.泵轴;5.挡水圈;6.填料;7.引水沟;

8.放气螺塞;9.叶轮;10.减漏环;11.泵体(泵壳);12.放水螺塞

图 6-2 离心泵的结构

在离心泵开始工作前,水泵的叶轮和进水管必须预先灌满水。工作时,当叶轮高速旋转起来后,水在离心力的作用下,被叶轮甩向四周,经泵壳蜗形流道和出水管送出。水被甩出后,在叶轮的入口处由于失水形成了真空低压区,水池里的水在大气压的作用下,经进水管源源不断地向叶轮补充,从而完成离心泵在离心力作用下的整个抽水、压水过程。

(2)轴流泵 轴流泵叶轮的进水方向和出水方向都是沿着轴的方向,即水是沿着轴向流动的。它的工作原理是:利用具有斜面的叶片对水产生轴向推压,进而使水送出。它由进水喇叭、叶轮、导叶体、出水弯管、轴、轴承和填料等零部件组成(如图 6-3)。

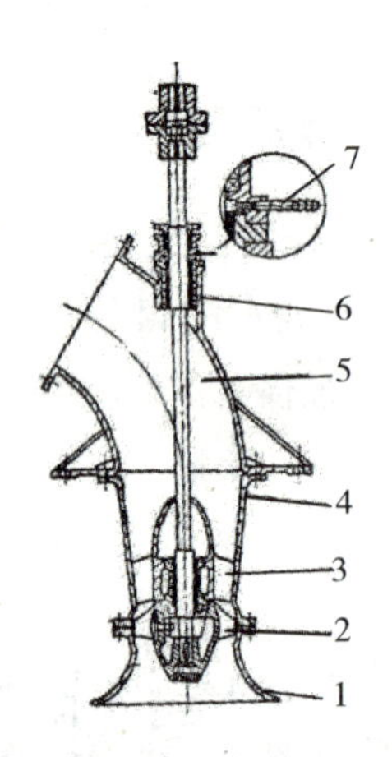

1. 进水喇叭；2. 叶轮；3. 导叶；4. 导叶体；
5. 出水弯管；6. 橡胶导轴承；7. 短管

图 6-3 轴流泵的结构示意图

当叶轮旋转时，叶片斜面推动叶片上部的水，一边旋转一边向上抬升。由于水的旋转是做无用功，故在叶轮的上方设置导叶片，用以消除水的旋转运动，使水顺着轴从出水管流出。与此同时，在叶片下部形成真空低压区，于是，水池内的水源源不断地向泵内补充，从而使泵连续工作。

轴流泵具有流量大而扬程小的工作特点，较适合于扬程在 5 米以下的河网地区。

(3)混流泵 混流泵有蜗壳式和导叶式两种，以蜗壳式较为常见。蜗壳式混流泵主要由叶轮、泵盖、泵体、泵轴、轴承和密封装置等组成(如图 6-4)。

混流泵外形和零件组成均与单吸式离心泵相似，主要区别在于叶轮的形状：混流泵叶轮介于离心泵叶轮和轴流泵叶轮之间，它的水流槽道与泵轴轴线倾斜，水从轴向进入叶轮而从倾斜方向流出，它既利用了离心力又利用了推升力。

混流泵具有结构简单、体积小、重量轻、操作维修方便等优点。其工作特点为：流量大于离心泵小于轴流泵，扬程小于离心泵大于轴

流泵，因此它比较适合在扬程为 5～10 米的平原地区使用，是一种较受欢迎的农用泵。

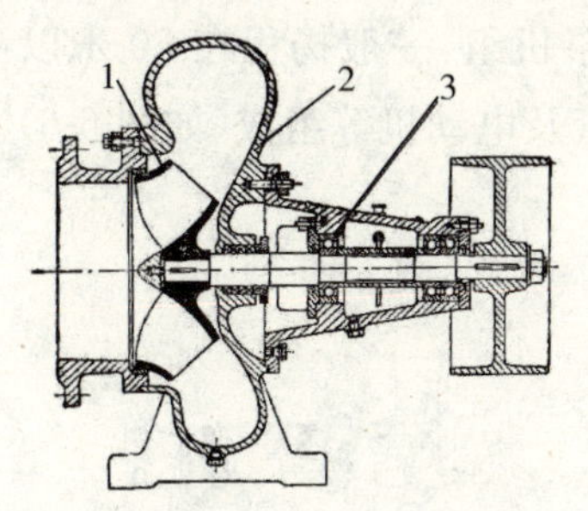

1. 叶轮；2. 泵体；3. 轴承

图 6-4　混流泵的构造

(4)潜水泵　潜水泵是水泵和电机的组合体，由立式电动机、水泵、出水管和隔潮密封装置组成(如图 6-5)。

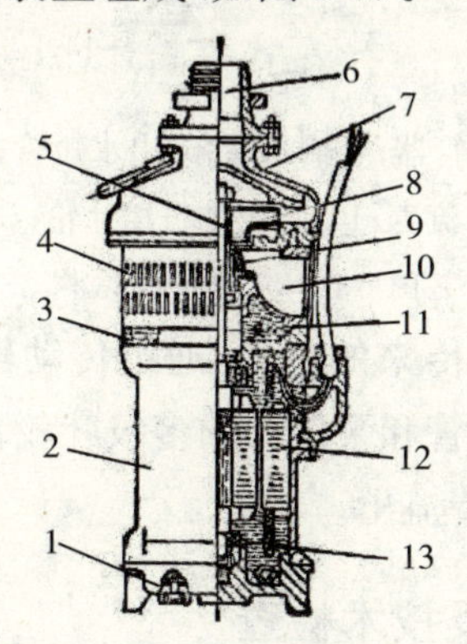

1. 放油孔；2. 电机壳；3. 加油孔；4. 滤网；5. 轴；6. 出水管接头；
7. 上泵盖；8. 叶轮；9. 用水器；10. 进水节；11. 密封盒；12. 定子；13. 轴承

图 6-5　潜水泵的结构

工作时，将潜水泵机组放在水中，当通入电流时，电机就直接驱动水泵叶轮转动，水流从机组中部滤网栅格吸入，从顶部出水口经出水管流出。

注意：潜水泵必须要有良好的耐水绝缘性能；不能脱水运转，必要时空转时间不得超过 5 分钟；要求水质比较好，泥砂污物含量不得

超过0.6%。

(5)深井泵 深井泵是一种多级单吸长轴立式离心泵，是一种专用于抽吸井水的水泵机组，一般扬程在50米以上。深井泵由滤网、叶轮、输水管、出水管及电动机等组成(如图6-6)。

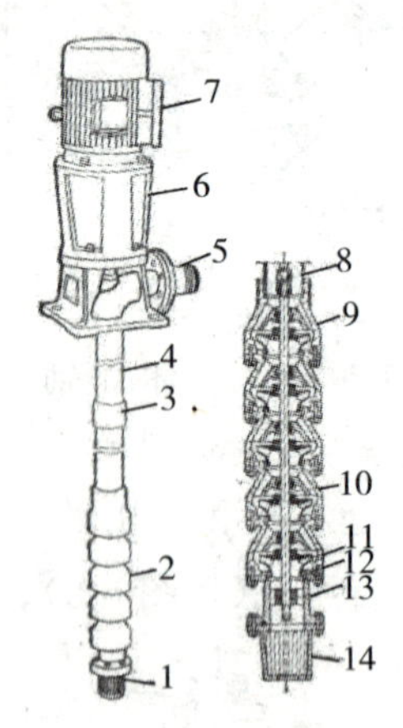

1,14.滤网；2.泵体；3.连管器；4.输水管；5.出水短管；6.电动机支架；7.电动机；8.输水管接头；9.上导流壳；10.叶轮轴；11.叶轮；12.减漏环；13.橡胶轴承

图6-6 深井泵的结构

工作时，从电动机传来的动力，通过传动轴驱动水泵叶轮旋转，水流通过滤水器、进水管和泵体内的多级叶轮使压力和速度增加，最后水流经导叶从出水管流出。

3.水泵的安装及技术检查

(1)水泵机组安装位置的确定 水泵机组的安装位置受水泵工作原理的影响，如轴流泵叶轮一般淹没在水面之下，离心泵和混流泵通常装在离水面有一定高度的地方。

在地基环境允许的前提下，以尽量靠近水源安装为好，但要充分考虑地基塌陷和洪水淹没机组的危险。

(2)水泵机组的安装基础 水泵机组的安装基础有固定基础和临时基础两种。固定基础常采用混凝土浇筑而成；临时基础多采用

移动式木排架式或型钢排架式。

(3)水泵和动力机的连接　动力机的安装应以安装好的水泵为依据,动力机与水泵之间的安装连接,应视传动方式不同而异。

①联轴器直接传动。水泵以电动机作为动力机,且水泵和电动机的转速和转向一致时,可采用联轴器直接传动。在水泵和电动机之间安装联轴器时,要求水泵轴和电机轴必须在一条直线上,且在联轴器的两个盘之间要保持一定的间隙。

②皮带传动。在水泵和动力机转速不一致,或转向不同,或轴线不在一条直线上时,应采用皮带传动。

4.水泵的常见故障及其排除方法

水泵常见故障及其排除方法见表 6-1至表 6-4。

表 6-1　起动时水泵不转的原因及其排除方法

故障现象	故障原因	排除方法
水泵不转、皮带打滑或动力机也不转动	填料太紧; 冬季泵内结冰; 叶轮与泵体之间被杂物卡住或堵塞; 泵轴、轴承、减漏环锈住; 泵轴严重弯曲。	放松填料; 加热水溶化; 拆开泵体,清除杂物; 拆开除锈; 拆下泵轴,进行校正或更换泵轴。
水泵转后又停,并发现填料处发热、燃烧	填料太紧而又无冷却水,形成发热膨胀、咬死。	放松填料,疏通引水沟。

表 6-2　起动后水泵不出水的原因及其排除方法

故障现象	故障原因	排除方法
未灌满水	未把空气排净就起动; 进水管积气。	灌水直至放气螺塞处不冒气泡为止; 消除进水管的拱背。
灌水始终不满	底阀关闭不严而溺水; 填料严重漏气,闸阀或活门关闭不严。	消除底阀杂物或更换已损坏的橡皮垫; 压紧或更换填料,关紧闸阀或活门。

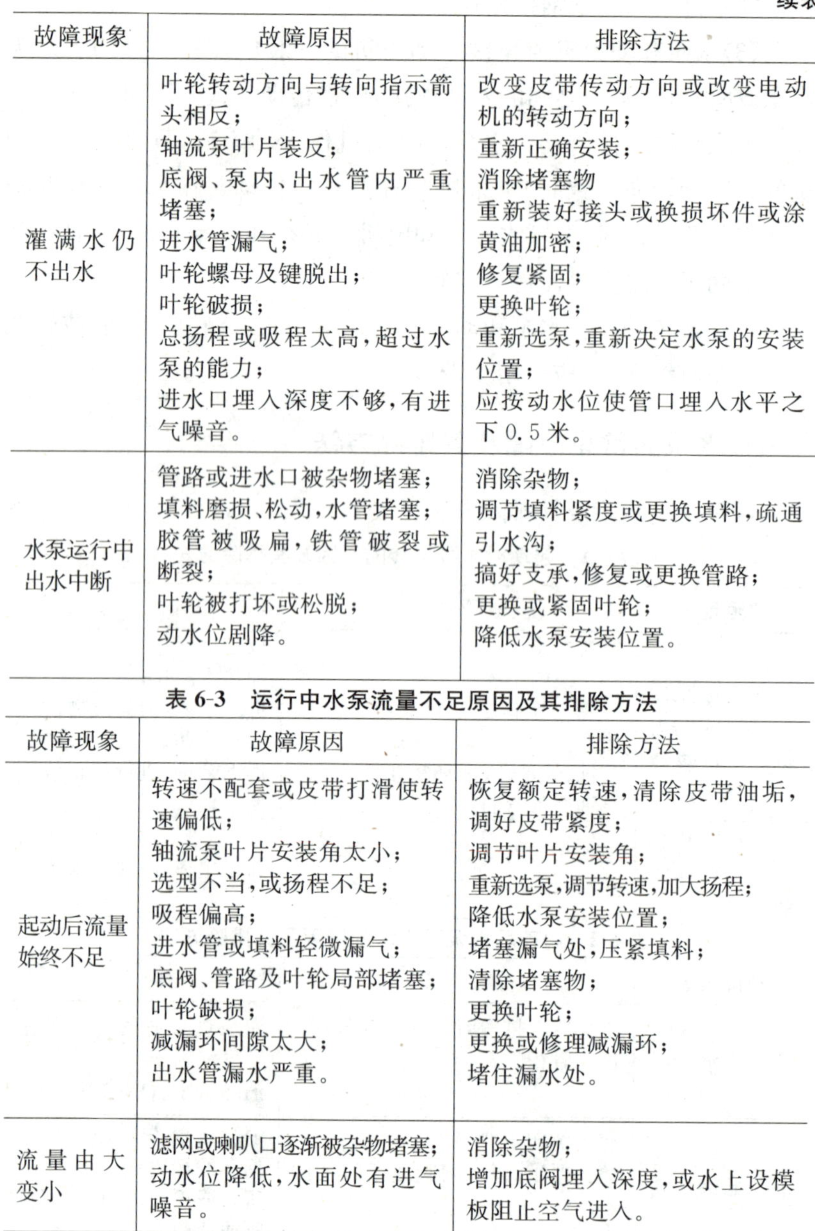

续表

故障现象	故障原因	排除方法
灌满水仍不出水	叶轮转动方向与转向指示箭头相反； 轴流泵叶片装反； 底阀、泵内、出水管内严重堵塞； 进水管漏气； 叶轮螺母及键脱出； 叶轮破损； 总扬程或吸程太高，超过水泵的能力； 进水口埋入深度不够，有进气噪音。	改变皮带传动方向或改变电动机的转动方向； 重新正确安装； 消除堵塞物 重新装好接头或换损坏件或涂黄油加密； 修复紧固； 更换叶轮； 重新选泵，重新决定水泵的安装位置； 应按动水位使管口埋入水平之下 0.5 米。
水泵运行中出水中断	管路或进水口被杂物堵塞； 填料磨损、松动，水管堵塞； 胶管被吸扁，铁管破裂或断裂； 叶轮被打坏或松脱； 动水位剧降。	消除杂物； 调节填料紧度或更换填料，疏通引水沟； 搞好支承，修复或更换管路； 更换或紧固叶轮； 降低水泵安装位置。

表 6-3　运行中水泵流量不足原因及其排除方法

故障现象	故障原因	排除方法
起动后流量始终不足	转速不配套或皮带打滑使转速偏低； 轴流泵叶片安装角太小； 选型不当，或扬程不足； 吸程偏高； 进水管或填料轻微漏气； 底阀、管路及叶轮局部堵塞； 叶轮缺损； 减漏环间隙太大； 出水管漏水严重。	恢复额定转速，清除皮带油垢，调好皮带紧度； 调节叶片安装角； 重新选泵，调节转速，加大扬程； 降低水泵安装位置； 堵塞漏气处，压紧填料； 清除堵塞物； 更换叶轮； 更换或修理减漏环； 堵住漏水处。
流量由大变小	滤网或喇叭口逐渐被杂物堵塞； 动水位降低，水面处有进气噪音。	消除杂物； 增加底阀埋入深度，或水上设模板阻止空气进入。

6-4　运行中水泵震动大、耗功大的原因及其排除方法

故障现象	故障原因	排除方法
填料处不滴水或轴发热，水泵震动有噪音	填料太紧又无引水； 泵轴弯曲。	放松填料，疏通引水沟； 校正泵轴。
泵内有机械摩擦声，有震动和杂音	减漏环间隙太小； 叶轮螺母松动； 泵的转动件有锈、碰擦和杂物、泥沙侵入； 叶轮不平衡。	调节修理； 紧固螺母； 消除锈及杂物； 修复后重装。
泵轴晃动有杂音	轴承严重磨损； 联轴器不同心。	更换轴承； 校正两轴同心度。
水泵流量增大，动力机的温度偏高	转速偏高； 离心泵、混流泵因动水位升高使扬程降低； 轴流泵因动水位降低使扬程升高。	调整传动比； 进行变速调节； 进行变角调节。
水泵流量减小，而且动力机转动困难	出水管被杂物堵塞； 拍门太重。	清除杂物； 在拍门上采取平衡措施。

二、喷灌机的使用与维修

1.喷灌机组的类型及组成

喷灌是一种发展较快的先进灌水技术。其原理是：利用水泵将水由输水管道压到喷头里面，然后由喷头把水喷到空中，散布成细小水滴，像下雨一样洒向作物和地面。

喷灌与普通漫灌相比，具有省水、省工及保土、保肥的优点，同时还能冲洗作物表面，改善田间小气候。因此一般旱作物采用喷灌后，均能确保增产。据调查，玉米、小麦、大豆等大田作物的增产幅度在10％～30％；而蔬菜的增产幅度更大，有的可达1～2倍。

喷灌机组包括动力机、水泵、管道和喷头等设备，如果加上水源设施，则应称为“喷灌系统”。喷灌机按动力机、水泵、管道、喷头等的组合方式不同,可分为移动式、固定式和半固定式三种基本类型。

(1)移动式喷灌机组 移动式喷灌机组是把动力机、水泵、管道和喷头组装在一起。工作时为定位喷洒,即在一个位置喷完后,由人工转移到另一位置。它具有机动性能好等优点。如图 6-7所示为手推式移动喷灌机组。

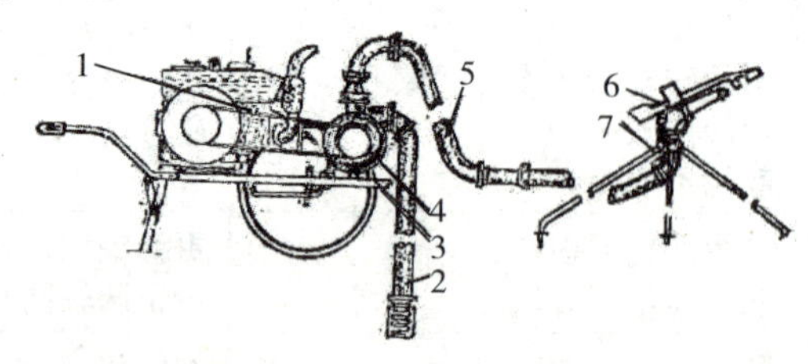

1. 柴油机;2. 进水管;3. 车架;4. 水泵;5. 输水管;6. 喷头;7. 支架

图 6-7 手推式移动喷灌机

(2)固定式喷灌系统 固定式喷灌系统除喷头能够原位旋转外,其他动力机、水泵、管道等的位置均是固定的,喷头只能在预先布点的固定位置旋转,进行喷灌。

固定管道式喷灌系统一般在水源附近修建,其组成如图 6-8所示。

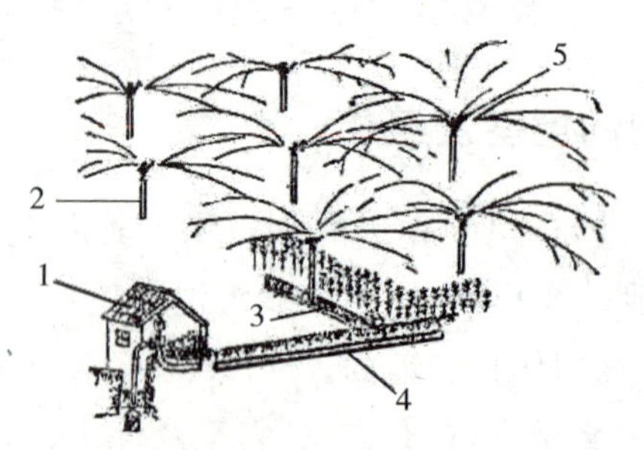

1. 泵站;2. 竖管;3. 支管;4. 干管;5. 喷头

图 6-8 固定式喷灌系统

固定管道式喷灌系统的优点是:操作方便,管理费用少,生产效率高,便于进一步实行自动化控制。但它的一次性投资较大,而且竖管对田间机械化作业有一定影响,因此比较适合灌溉生长期比较长

的苗圃、蔬菜地，以及其他需要频繁喷灌的经济作物。

(3)半固定式喷灌系统 半固定式喷灌系统的动力机、水泵、主管道是固定的，喷头装在可移动的喷灌车或者可移动的支管上。它兼有移动式和固定式的特点，比较适合在平原地区进行大面积喷灌。

如图 6-9所示为半固定式喷灌系统，它的泵站和主管道的位置固定不动。支管支承在大滚轮上，并通过连接软管上的快速接头与主管道上的给水栓连接，支管上的喷头进行旋转喷灌。在某个给水栓附近的田块喷灌完后，将支管从给水栓上卸下，即可由驱动小车把支管向前牵引至另一个给水栓处，再次用快速接头进行连接和喷灌。如此依次进行喷灌，直至田块喷灌完毕。

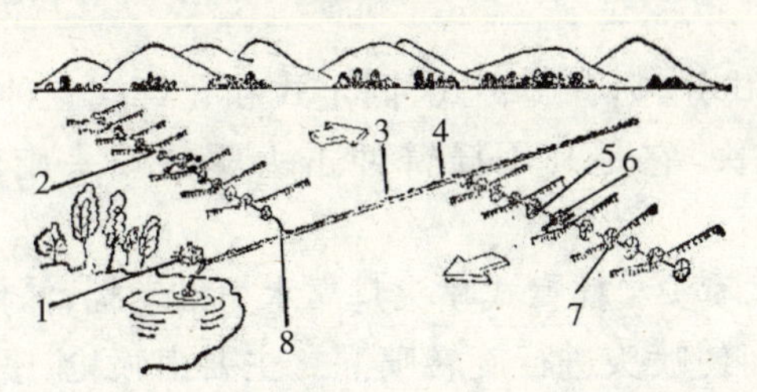

1.泵站；2.支管；3.给水栓；4.主管道；5.大滚轮；6.驱动车；7.双嘴喷头；8.连接软管

图 6-9 半固定式喷灌系统

2.喷头

(1)喷头的主要性能参数

①工作压力。工作压力指工作时接近喷头进口处的水流的压力，单位为兆帕。一般压力增加时，射程增大而水滴变小。

②射程。射程指喷头喷出水流的水平距离，又称“喷洒半径”，单位为米。射程的大小一般受工作压力、喷嘴直径和旋转速度等因素的影响。当工作压力一定时，射程随喷嘴直径的增大而增加，随喷头转速的提高而减小。

③喷水量。喷水量指喷头在单位时间内喷出的水量，单位为“立方米/小时”。喷水量随工作压力的增加和喷嘴直径的增大而增加。

④喷灌强度。喷灌强度是指喷灌机单位时间内对单位面积喷洒的水量。喷灌强度受喷水量、射程等多种因素的影响。

(2)喷头种类 喷头一般按工作压力大小来分类，分为低压喷头、中压喷头和高压喷头。其分类界限和射程见表 6-5。

表 6-5 喷头的分类和特点

分类	低压喷头	中压喷头	高压喷头
工作压力(兆帕)	1～3	3～5	＞5
喷水量(立方米/小时)	2～15	15～40	＞40
射程(米)	5～20	20～40	＞40
应用场合	雾化较好，一般适合蔬菜和苗圃的灌溉	射程适中，一般多用于大田作物的喷灌	射程远，水滴粗，一般适合于草原喷灌

按结构形式分，则有旋转式、固定式和孔管式三种，其中最常用的是旋转式喷头，它是利用摇臂冲击力驱使喷头旋转，使用最为普遍。

(3)摇臂式喷头 摇臂式喷头是靠水力推动摇臂，然后再由摇臂冲击喷枪，从而使喷头进行旋转喷灌。主要由喷枪、密封装置、摇臂转动机构等零部件组成(如图 6-10)。

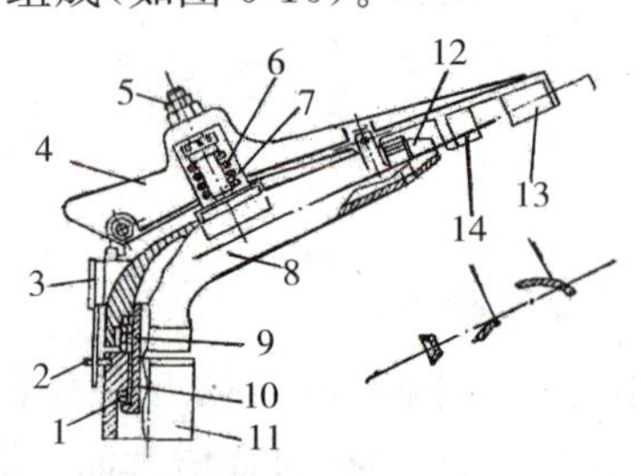

1. 减磨密封圈；2. 限位环；3. 扇形机构；4. 摇臂；5. 摇臂调位螺钉；6. 摇臂弹簧；7. 摇臂轴；8. 喷管；9. 防砂弹簧；10. 空心轴；11. 轴套；12. 喷嘴；13. 导流板；14. 偏流板

图 6-10 摇臂式单喷嘴喷头

摇臂式喷头的转动机构称为“摇臂”，摇臂轴上装有弹簧，摇臂轴则固定在喷体上。臂的前端有导水器，导水器由偏流板和导流板组成。不喷水时，摇臂轴上的弹簧不受力，导水器处在喷嘴的正前方。

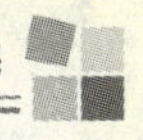

当开始喷水后，水自喷嘴处射出，通过偏流板和导流板的转向，从侧面流出。这样，水流的冲击力使摇臂转动 60°～120°，并把摇臂弹簧扭紧。水对摇臂弹簧的侧向推力消失后，在弹簧扭转力的作用下，摇臂又反转回位，并敲击喷管，使喷管转动 3°～5°。如此周期性的往复，使喷头不断地间歇旋转，将水喷向喷头的四周。

3.喷灌系统的使用和维护

(1)使用前的准备工作

①使用人员必须熟悉喷灌系统的组成、喷头的结构、性能和使用注意事项，并逐次检查各组成部分：动力机、水泵、管道、喷头等，看各零部件是否齐全，技术状态是否正常，并进行试运转。如发现零部件损坏或短缺，应及时修理或配置，以保持系统完好的技术状态。

②检查喷头竖管，看是否垂直，支架是否稳固。竖管不垂直会影响喷头旋转的可靠性和水量分布的均匀性；支架安装不稳，则运行中可能会因喷头喷水的作用力而倾倒，损坏喷头或砸毁作物。

(2)运行和维护要点

①起动前首先要检查干、支管道上的阀门是否都已关好，然后起动水泵，待水泵达到额定转数后，再缓慢地依次打开总阀和要喷灌的支管上的阀门。这样可以保证水泵在低负载下起动，避免超载，并可防止管道因水锤而引起震动。

②运行中要随时观测喷灌系统各部件的压力。为此，在干管的水泵出口处、干管的最高点和离水泵最远点，应分别装压力表；在支管上靠近干管的第一个喷头处、支管的最高点和最末一个喷头处，也应分别装压力表。要求干管的水力损失不应超过经济值；支管的压力降低幅度不得超过支管最高压力的 20%。

③在运行中要随时观测喷嘴的喷灌强度是否适当，要求土壤表面不得产生径流或积水，否则说明喷灌强度过大，应及时降低工作压力或换用直径较小的喷嘴，以减小喷灌强度。

④运行中要随时观测灌水的均匀度，必要时应在喷洒面上均匀布置雨量筒，实际测算喷灌的组合均匀度。其值应大于或等于 0.8。

在多风地区，应尽可能在无风或风小时进行喷灌。如必须在有风时喷灌，则应减小各喷头间的距离，或采用顺风扇形喷洒，以尽量减小风力对喷灌均匀性的影响。在风力达三级时，则应停止喷灌。

⑤在运行中要严格遵守操作规程，注意安全，特别要防止水舌喷到带电线路上，并且应注意在移动管道时避开线路，以防发生漏电事故。

⑥要爱护设备，移动设备时要严格按照操作要求轻拿轻放。软管移动时要卷起来，不得在地上拖动。

4.喷灌系统的常见故障及其排除方法

旋转式喷头常见的故障及其排除方法表6-6。

表6-6 旋转式喷头常见故障及其排除方法

故障现象	故障原因	排除方法
喷头转动部分漏水	垫圈磨损、止水胶圈损坏或安装不当； 空心轴或垫圈中进入泥沙； 喷头加工精度不够。	更换新件或重新安装； 拆下清洗干净； 拆下修理或更换新件。
摇臂式转头转动不正常	空心轴与套轴间隙太小或泥沙堵塞； 摇臂张角太小；	应适当增大间隙或拆开清洗干净，重新安装； 摇臂弹簧压得太紧，应适当调松。
摇臂张角太小	摇臂和摇臂轴配合过紧，阻力太大； 摇臂弹簧压得太紧； 摇臂安装得过高； 水压力不足。	应适当增大间隙； 应适当调松； 应调低摇臂的位置； 应调高水的工作压力。
摇臂的张角正常，但敲击无力	导流器切入水舌太深。	应将敲击块适当加厚。
摇臂甩开后不能返回	摇臂弹簧太松。	应调紧弹簧。
喷头射程不够	喷头转速太快； 工作压力不够。	应降低喷头转速； 按要求调高压力。

第七章 收获机械使用与维修

收获作业的季节性很强，以收获小麦为例，最适宜的收获期是黄熟期和完熟初期，一般只有5～8天。若收获过早，会因籽粒不饱满而影响产量；收获过迟，则容易造成落粒损失。因此，适时收获是确保作物丰产丰收的必要条件。采用机械收获可以加快收获速度，提高生产效率，对减少粮食损失有着极其重要的作用。

因为农作物的种类繁多，所以对应的收获机械也有多种，如小麦收获机、水稻收获机、玉米收获机、大豆收获机、棉花收获机、马铃薯收获机等。本章主要以使用范围广的谷物收获机（收获小麦、水稻、玉米等谷物的机械）为例，介绍其结构、使用和调整等内容。

谷物收获机械的种类较多，目前常用的主要有收割机、脱粒机和联合收获机三大类。

一、收割机械使用与维修

1.收割机的构造

(1)谷物收割机总体构造 谷物收割机多与手扶拖拉机或小四轮拖拉机配套，一般由悬挂装置、传动机构和收割台三部分组成。收割台一般由分禾器、拨禾装置、切割器和输送装置等组成。

目前农业生产中广泛使用的是立式割台收割机，它由分禾器、扶禾器、切割器、输送装置、传动装置、操纵装置和机架等部分组成，如图 7-1所示。

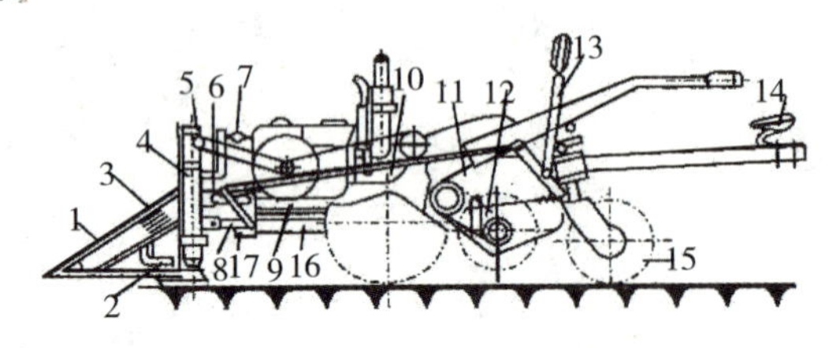

1. 分禾器;2. 切割器;3. 扶禾器;4. 割台机架;5. 传动系统;16. 上支架;
7. 张紧轮;8. 下支架;9. 支承杆;10. 钢处绳;11. 族拼机;12. 平衡弹簧;
13. 操作手柄;14. 乘座;15. 尾轮;16. 机架;17. 起落架

图 7-1　立式割台收割机

立式割台收割机的工作过程如图 7-2所示。

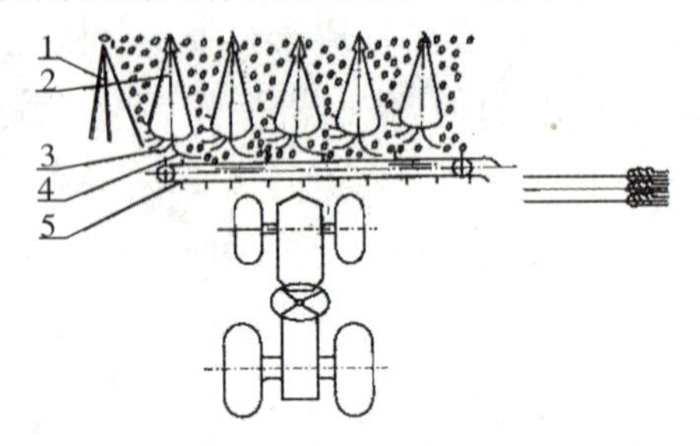

1. 分禾器;2. 扶禾器;3. 星轮;4. 弹簧杆;5. 输送带

图 7-2　立式割台收割机工作示意图

工作时，分禾器插入作物中，将待割与暂不割的作物分开，由扶禾器将待割作物拨向切割器进行切割。割下的作物在星轮和压簧的作用下，被强制保持直立状态，由输送装置送至一侧。茎秆根部首先着地，穗部靠惯性倒向地面，同机组前进方向成直角形状铺在机组一侧。

(2)收割机的主要工作部件

①切割装置。收割机上的切割装置(又称“切割器”)是收割机用来割断作物茎杆的重要工作部件，它的工作性能应满足割茬整齐、无漏割、不堵刀、功率消耗小、适应性广等要求。

切割器有往复式、圆盘回转式和甩刀回转式三种。常用的切割器为往复式，它由刀杆、动刀片、定刀片、护刃器、压刃器和摩擦片等组成。如图 7-3所示。

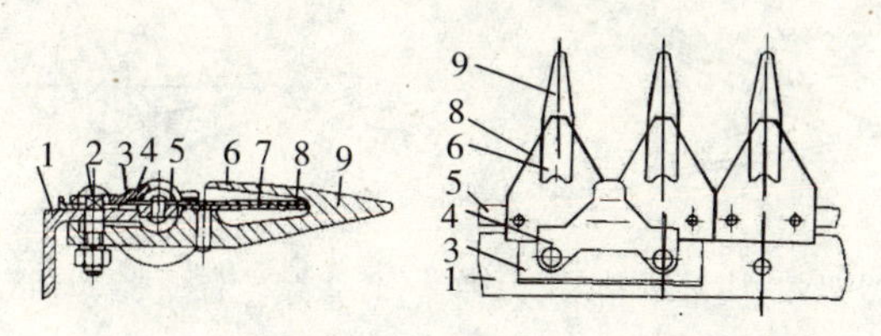

1. 护刃器梁；2. 螺栓；3. 摩擦片；4. 压刃器；5. 刀杆；
6. 护板；7,8. 定刀片；9. 护刃器

图 7-3　往复式切割器

为了便于专业化生产和零配件供应，我国已制定往复式切割器的国家标准，使用最多的是动刀片为齿刃的标准 II 型和 III 型(动刀片为光刃的为标准 I 型)，即“割刀行程＝护刃器间距＝动力片间距＝76.2 毫米”。

在水稻收割机上，为降低割茬高度，可采用小尺寸切割器，也可用 50 毫米、60 毫米和 70 毫米的切割器。

②切割器传动机构。切割器传动机构的作用是把主动轴的旋转运动变为割刀的往复运动。目前常见的有曲柄连杆机构和摆环机构两种，如图 7-4所示。

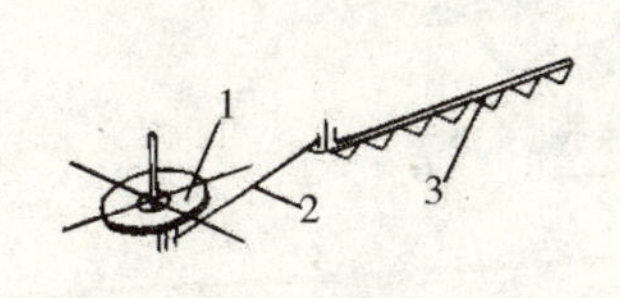

(a)曲柄连杆机构

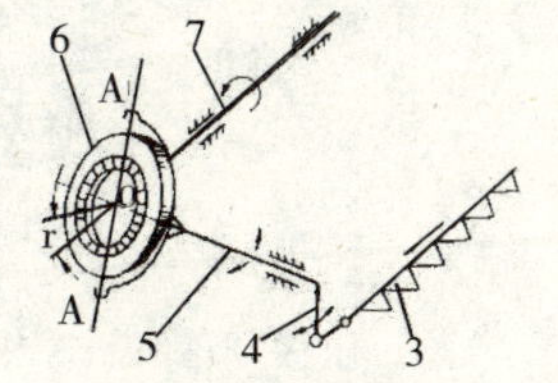

(b)摆环机构

1. 曲柄盘；2. 连杆；3. 割刀；4. 摆杆；5. 摆动轴；6. 摆环；7. 主动轴

图 7-4　切割器传动机构

③拨禾和扶禾装置。拨禾、扶禾装置的作用是将作物引向切割，

并将收割后的作物推送到割台上，以免作物堆积在切割器上造成二次切割。立式割台谷物收割机上一般采用星轮扶禾器(如图 7-5)。

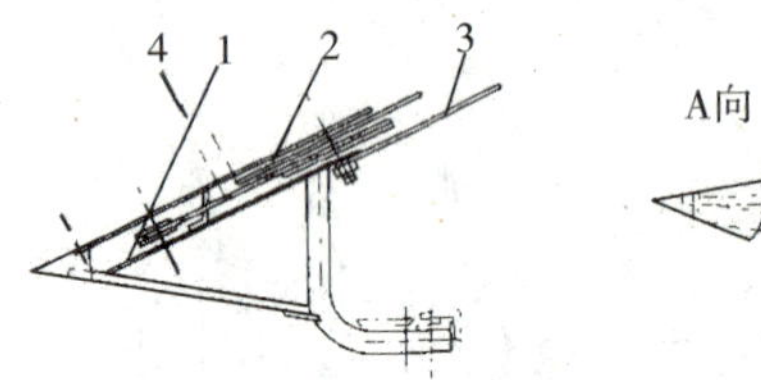

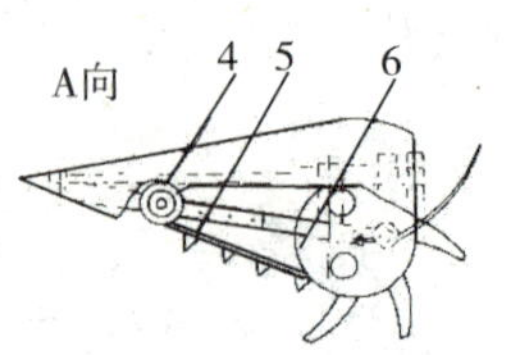

1. 扶禾器架；2. 扶禾罩；3. 压力弹簧；4. 张紧轮；5. 扶禾齿带；6. 星轮

图 7-5　星轮扶禾器

星轮扶禾器的作用是由机器两侧向割台中间推送作物，并配合输送带在输出端以较高的速度将割下的谷物抛出，以利于放铺。通常星轮的圆周线速度，应为输送带速度的 1.5～1.7 倍。

卧式割台谷物收割机上一般采用拨禾轮，拨禾轮分普通拨禾轮和偏心拨禾轮两种。现代联合收割机上均采用偏心拨禾轮(如图 7-6)，其特点是采用了可调节角度的弹齿，所以具有工作可靠、对倒伏作物适应性强、收割损失小的优点。工作时，拨禾轮旋转，弹齿插入倒伏作物中，将其扶起并引向切割器。

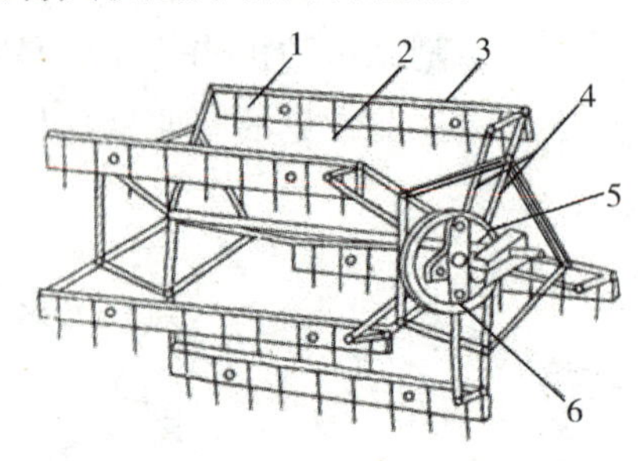

1. 压板；2. 弹齿；3. 钢管；4. 幅条；5. 偏心环；6. 滚轮

图 7-6　偏心拨禾轮

④输送铺放装置。立式割台输送铺放装置由上、下两层带拨齿的输送带、主动轴、基带轮、被动轴及其带轮等组成。

输送带采用平皮带，其上有等距离铆接的拨齿(拨齿高度 50 毫

米左右)。上输送带拨齿多为木质锥体,下输送带拨齿多为薄钢板制成。工作时,上、下两根输送带同向且同速运动,从上、下两处同时对禾秆进行扶持,并以 1.2～2 米/秒的速度,把已割下的茎秆呈直立状态进行横向输送。

谷物的输送方向可通过操纵齿轮箱中的换向机构来改变。这种输送装置主要靠作物之间的挤压和惯性力达到直立输送的目的,因此不适于过稀的作物。

2.收割机的安装与调节

(1)切割装置安装与调节

①技术要求。对齿刃刀片,刃角为 250°,刃口厚度不超过 0.15 毫米,每厘米刀刃长度上有 6～7 个齿,如每侧连续缺损 3～4 个齿,就要更换新品。

刀杆应平直,直线长度为 0.5 毫米。可在刀杆下平面和前面用钢尺靠紧进行检查,发现弯曲或扭曲,应及时校正。

刀片在刀杆上铆接要牢固、紧密。定刀片在护刃器上的装配也要牢固、紧密。若有松动,动刀片在高速运动中,将会引起互相撞击而损坏零件。

刀杆头与传动机构的连接,既要能自由转动,又不能晃动。

②整列安装调节。目的是使作物均匀分束,保证割刀有正确的运动轨道。要求各护刃器尖端之间的距离应相等且处于同一平面上。检查时,可在两侧护刃器尖端拉一直线,各护刃器尖端与直线的偏差不得超过 3 毫米;定刀片的工作面应在同一平面上,其偏差不得大于 0.5 毫米;动刀片的上平面,每 5 个刀片的偏差不得超过 0.5 毫米。若查出偏差值超过规定,应在护刃器固定处增减垫片,进行调整;或用一节钢管套在护刃器尖端上进行矫正,也可用小锤轻轻敲打矫正。

③对中安装调节。目的是保证切割彻底。要求动刀片处在极限

位置时，其中心线与定刀片的中心线相重合。偏差值不得超过3毫米，以避免产生漏割现象，或引起堵刀和零件损坏。调节办法是改变驱动连杆的长度。

④密接安装调节。目的是保证切割间隙，便于顺利切割。要求动刀处在极限位置时，动刀片和定刀片前端应贴合，允许个别刀片略微翘起，但间隙不得超过0.5毫米；动刀片和定刀片根部间隙不得超过1毫米，对于宽幅收割机来说，此间隙允许达到1.5毫米，但这种间隙的护刃器不应超过动刀总数的1/3。动刀片与压刃器之间的间隙通常为0～0.8毫米，割刀前后间隙约为0.8毫米。调节方法是在护刃器或压刃器安装面上加减垫片，或用套管扳扭护刃器，或用手锤轻轻敲击压刃器和护刃器进行矫正。

已调节好的切割装置，在刀头处抽动刀杆，应运动灵活，无卡滞现象。另外，刀杆变形、护刃器梁变形、传动杆件变形都会改变切割间隙，增加调节困难。因此，在调节之前，应先检查以上各零件的技术状态。

(2)输送装置安装与调节　输送皮带技术状态应完好，如有严重毛边拉长现象，将影响作物输送质量；拨齿在皮带上的铆接要牢固，各拨齿的间距应相等，齿高应一致；两皮带轮立轴中心线应平行。

①输送带的安装位置调节。下输送带的安装位置应尽量接近割刀，其拨齿中心线到割刀上表面的距离为50毫米左右；上输送带的安装高度应根据作物高度调节，通常要求上输送带的拨齿能在作物自然高度的1/3～2/5处。

②输送带的安装紧度调节。输送带的张紧度应适当，若皮带因拉长等原因而变松时，皮带将打滑，降低输送速度，甚至失去输送作用，不能工作。通常在输送带被动皮带轮轴上设置调节丝扛，用以调节皮带张紧度。注意输送带应上、下一致。

③星轮拨禾器位置调节。星轮拨禾器配合输送带铺放作物，要

求星轮拨禾器与上输送带的拨齿大体相平，上输送带调节高低位置时，星轮拨禾器高低位置也应随之调节；星轮拨禾器与输送带之间的距离应根据作物的稀密程度进行适当调节，当作物密度大时，此间隙应适当调大。

④输送带的前倾调节。输送带的前倾调节是指调节输送带上拨齿相对于下拨齿的倾斜度，实际是调节上输送带的前后位置。通常在作物稠密或顺作物倒伏方向收割时，应加大前倾度；作物稀疏或矮小时，应适当后倾。

3.收割机的操作使用

(1)机组试运转

①收割机升到最高位置时，任何杆件不得与拖拉机相碰；当收割机下降到最低位置时，提升机构拉杆略受力或不受力。

②所有坚固件不得松动，各齿轮啮合时不得发出异常声音。

③各输送传递带不得跑斜、跑偏，松紧度应一致。

④收割机提升时不得倾斜，两侧提升杆长度应一致。

(2)收割机作业时操作要点

①收割机的前进方向，宜顺着作物的播、插方向，力求直线行驶，切忌漏割。若作物有倒伏现象，应从倒伏的侧向行进收割，以减少割台损失。

②收割机宜全幅作业。若遇不能满幅工作时，作物应在输送出口一侧切割，以利于直立输送和放铺。分禾器位置要摆正，其尖端距离应与割幅一致，过大、过小，都会降低收割质量。

③立式割台主要靠作物的惯性支持切割和输送，因此机组应保持较高的前进速度。操作中，机器应在达到正常前进速度时再进入作物进行收割；机器在割完作物后，在越过地头线约 1 米处，才能减小油门进行地头转弯。否则，将产生严重割台损失，并且不能良好地

放铺。

④收割作业通常采用回形收割法。

(3)收割机的安全操作

①掌握好收割时机,雨后或作物的湿度较大时,不宜马上工作。田间的排水沟应预先填平,以免陷机。

②应根据田地情况和作物情况确定割茬高度。若遇地面不平整、土块突出及水田泥烂等情况,应适当调高割茬,否则会造成割刀“吃泥”,严重影响收割。通常割茬高低可通过机架下的拖板位置调节。把拖板往下调,割茬升高。

③收割机在田间出现故障时,应及时停车检查,严重时应熄火后再排除故障。

④割刀是锋利部件,作业时,切忌用手、脚或硬物去清除堵塞或排除切割装置的故障。即使机器停止传动,甚至在熄火的状态下,若无可靠的安全防护措施,也不得随便用手握持护刃器或剔除堵塞,否则极易造成断指事故。

4.收割机常见故障及其排除方法

收割机常见故障及其排除方法见表7-1。

表7-1 收割机常见故障及其排除方法

故障名称	故障原因	排除方法
切割质量差	割刀间隙太大; 刀刃磨损; 割刀堵塞; 前进速度过高。	调整割刀间隙; 磨利刃口或更换刀片; 清理割刀杂草或泥土; 降低前进速度。

续表

故障名称	故障原因	排除方法
中间输入口堵塞	作物倒伏严重，密度太小； 雨后或晨露未干； 输送带打滑； 上输送带高度不当； 速挡选择不当； 割刀堵塞； 输送带主动轮、弧形板、换向阀三者相对位置与设计要求不符。	沿倒伏作物侧向收割，提高前进速度； 待干后收割； 张紧皮带轮； 调整上输送带高度； 选择恰当速挡； 清除堵塞； 用专用样板检验调整。
铺放质量差	上、下、左、右四输送带松紧不一； 分禾框左右调节不当； 切割质量差。	调整一致； 调整分禾框左右位置； 提高切割质量。

二、脱粒机械使用与维修

1.脱粒机的构造

脱粒是作物收获过程中继收割后的一个重要环节。脱粒机按结构和工作性能分主要有简易脱粒机、半复式脱粒机和复式脱粒机三类。现以丰收-1100 型复式脱粒机为例介绍其结构和工作过程。

(1)复式脱粒机的整机构造 复式脱粒机由喂入装置、脱粒装置(包括前滚筒、后滚筒、凹板筛)、分离装置(包括逐稿器、逐稿轮、挡草帘)、输送装置(升运器)、清选装置(风扇、筛子)、杂余处理装置和机架等组成，如图 7-7所示。

工作时，由人工将作物放到输送装置上，喂入链将谷物自动送入脱粒装置的前滚筒和前凹板筛上，初步脱粒后进入后滚筒和后凹板

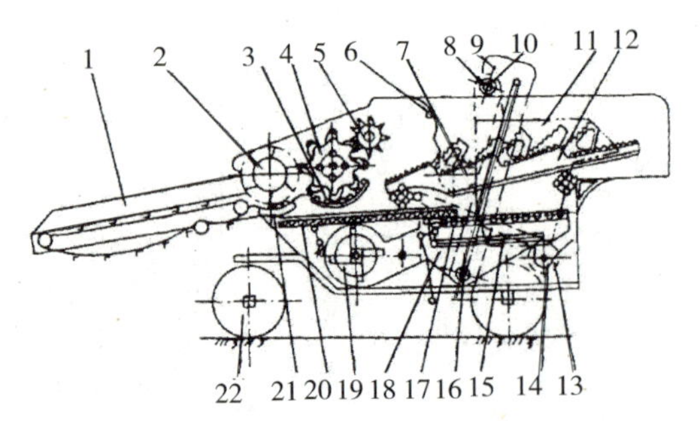

1. 输送装置；2. 第一滚筒；3. 第二凹板；4. 第二滚筒；5. 逐稿轮；6. 挡草帘；7. 第二风扇；8. 除芒器；9. 升运器；10. 除芒器螺旋推运器；11. 第二清粮室；12. 逐稿器；13. 复脱器与抛扔式输送器；14. 杂余螺旋推运器；15. 冲孔筛；16. 谷粒螺旋推运器；17. 鱼鳞筛；18. 第一清粮室；19. 第一风扇；20. 阶梯板；21. 第一凹板；22. 行走轮

图 7-7　复式脱粒机示意图

筛，再次脱粒。脱出物在逐稿轮、逐稿器的作用下，将谷粒抖落在阶梯板上，茎秆逐出机外。从凹板筛漏下的以及从逐稿器分离出来的籽粒混合物汇集到阶梯板上，由阶梯板进入第一清粮室，在鱼鳞筛、冲孔筛和风扇的配合作用下，把颖壳、短秆等轻杂物吹出机外。穗头经杂余升运器送到复脱器复脱后，又经阶梯板送回第一清粮室清选。谷粒和体积小的重杂物，经鱼鳞筛和冲孔筛筛孔漏下，经谷粒升运器送到第二清粮室，在筛子和风扇配合下，将夹杂的短秆和颖壳等吹出机外。清洁的谷粒按饱满程度被分成两等，分别从相应出口排出。

(2)脱粒机的主要工作部件

①脱粒装置。目前，脱粒机所采用的脱粒装置绝大多数为滚筒式。按脱粒元件结构形式不同，分为纹杆式、弓齿式和钉齿式三种，其中以纹杆式和弓齿式最为常见。

• 纹杆式脱粒装置。纹杆式脱粒装置为全喂入切流型，由带纹杆的滚筒和栅形凹板筛组成。纹杆滚筒由纹杆、幅盘和滚筒轴组成。如图 7-8所示。

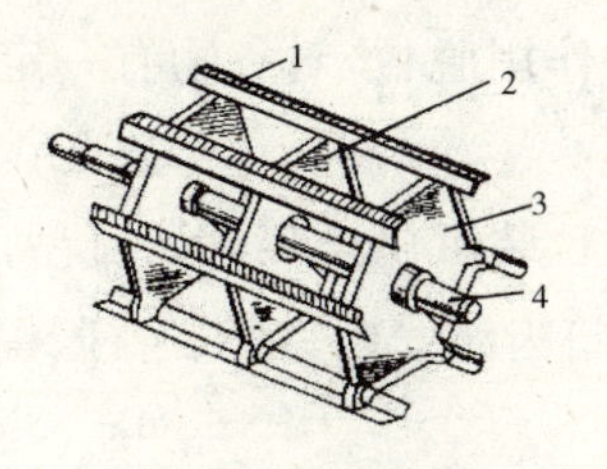

(a)纹杆式滚筒

1. 纹杆；2. 中间支承；3. 幅盘；4. 滚筒轴

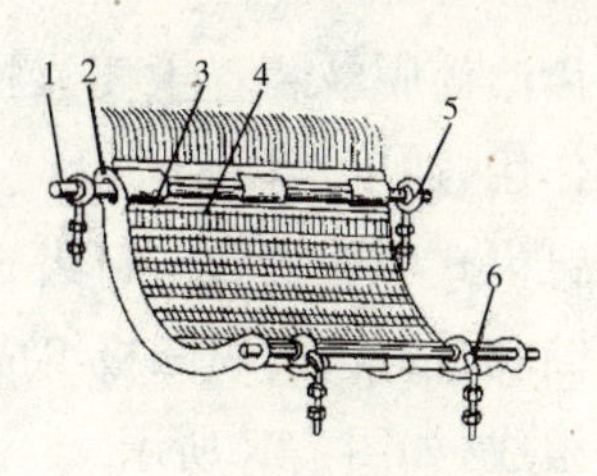

(b)栅格凹板

1. 凹板轴；2. 侧板；3. 横板；4. 凹板丝；5. 出口调节螺钉；6. 入口调节螺钉

图 7-8　纹杆式脱粒装置

工作时，纹杆随滚筒高速转动，先是打击谷物，随后抓取谷物从纹杆和凹板筛之间的间隙通过，在搓擦中进一步将谷粒从茎秆上脱下来。所以，纹杆滚筒的脱粒方式是前半部以打击为主，后半部以搓擦为主。显然，滚筒转速快，打击力强，脱粒间隙小，搓擦力强，但碎茎、碎粒会增加。此种脱粒装置较适于脱麦类作物。

• 弓齿式脱粒装置。弓齿式脱粒装置多为半喂入轴流型，由带弓齿的滚筒和钢丝编织凹板组成。弓齿滚筒由滚筒体、滚筒轴、钢丝弓齿组成，如图 7-9所示。

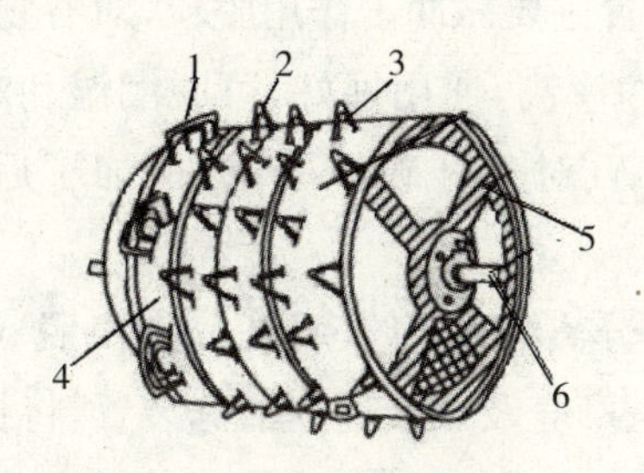

1. 滚筒体；2. 梳整齿；3. 加强齿；4. 脱粒齿；5. 辐盘；6. 滚筒轴

图 7-9　弓齿滚筒

弓齿有脱粒齿、梳整齿和加强齿三种。梳整齿齿顶圆弧较大，安装在入口处，主要起梳整谷穗和导向作用；脱粒齿齿顶圆弧最小，脱粒作用强，安装在滚筒后端；加强齿齿顶圆弧介于上述两者之间，置于滚筒体中段。

弓齿滚筒脱粒装置主要靠梳刷作用脱粒，对谷物有一定的打击和搓揉作用，适于水稻脱粒。

• 钉齿式脱粒装置。钉齿式脱粒装置属全喂入切流型，由带钉齿的滚筒和带钉齿的织凹板组成。钉齿滚筒由钉齿、齿杆、幅盘和滚筒轴等组成，如图 7-10所示。

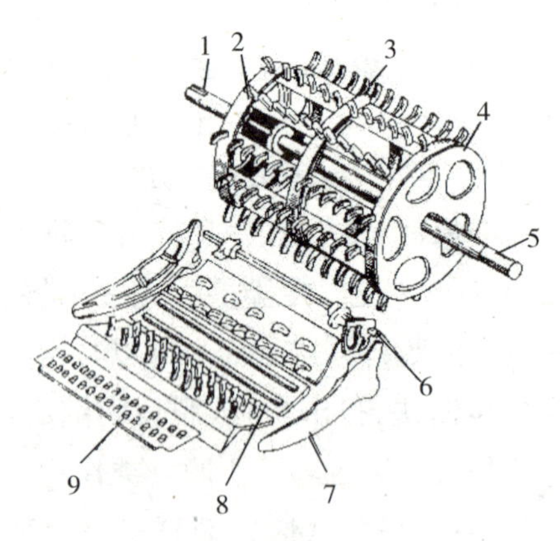

1. 齿杆；2. 钉齿；3. 支承圈；4. 幅盘；5. 滚筒轴；6. 凹板调节机构；7. 侧板；8. 凹板；9. 漏格

图 7-10　钉齿滚筒

钉齿式脱粒装置主要靠冲击作用脱粒，对谷物有一定的挤压、梳刷和搓揉作用，脱净率高，通用性好，可脱潮湿和难脱作物。但其功率消耗大，破碎率高，对茎秆破坏严重，增加了后续分离和清选的难度。

②分离装置。分离装置的作用是分离由脱粒装置排出的脱出物，将籽粒、短茎秆、颖壳及杂余送到清选装置，将长茎秆逐出机外。

在脱粒机和联合收获机上应用最广泛的分离装置是键式逐稿器，有少部分小型脱粒机上采用平台式逐稿器。

• 键式逐稿器。键式逐稿器按其曲轴数目分为单轴式和双轴式两种；按其键数分为三键、四键、五键三种。大型脱粒机多采用双轴四键逐稿器，它由键箱、前曲轴、后曲轴、挡帘、逐稿轮等组成，如图 7-11所示。

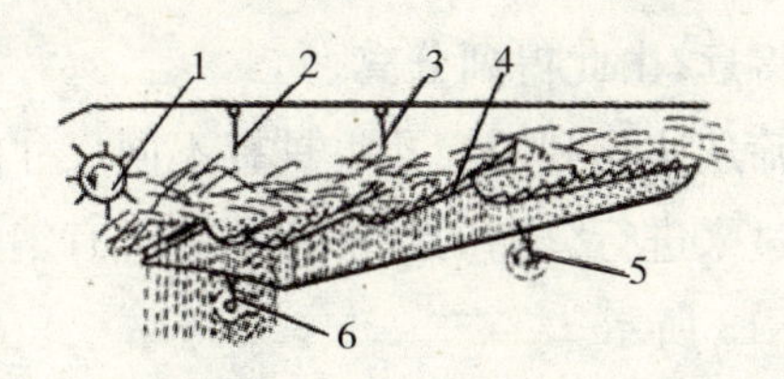

1.逐稿轮；2.前挡帘；3.后挡帘；4.键箱；5.后曲轴；6.前曲轴

图 7-11　双轴四键逐稿器

曲轴转动时，各键按一定的次序上下交替运动，将脱出物向上抛掷，抖落其中的谷粒，使之经键面筛孔下落到阶梯板，而茎秆则在抛掷中逐步后移，经出口排出机外。

③清选装置。清选装置的作用是把谷粒中的夹杂物清除出去。清选工作一般分粗清选和细清选两步，粗清选是清除大部分颖壳、茎秆和轻杂物；细清选是清除谷粒中的小颖壳、草籽和泥沙等，从而获得清洁的谷粒。目前，常用的清选方法有风选、筛选和综合清选等。

• 风选法。风选是利用谷粒和混杂物在气流中飘浮性能的不同而达到清选目的。

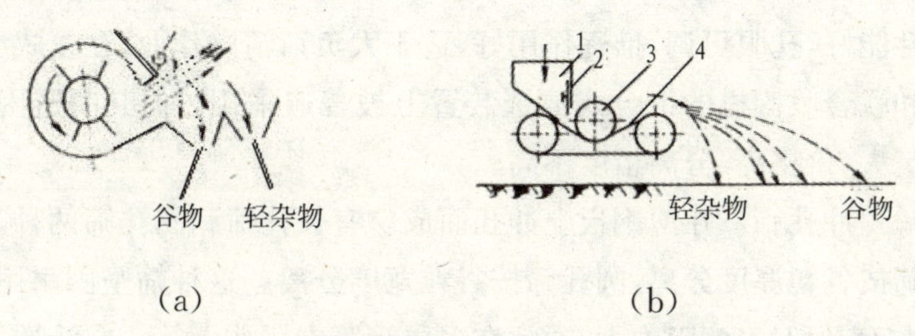

1.料斗；2.送料控制板；3.辊子；4.扬场皮带

图 7-12　风选法

如图 7-12(a)为风扇式清选装置，它利用风扇产生的气流吹向垂直下落的脱出物。颖壳、茎秆等轻杂物比重较小，被吹得较远；比重大的谷粒则穿越气流，进入集粮装置，得到清选。

如图 7-12(b)为带式扬场机，它利用皮带将脱出物抛向空中。颖壳等杂物重量轻、惯性小，在空中受到空气阻力较大，落得近；而重量大的饱满谷粒抛得远，由此得到分离。

• 筛选法。筛选法是利用筛孔将具有不同尺寸的谷粒和混杂物按通得过或通不过来进行分离的。常用的筛子有编筛，织筛、鱼鳞筛和冲孔筛，如图 7-13 所示。

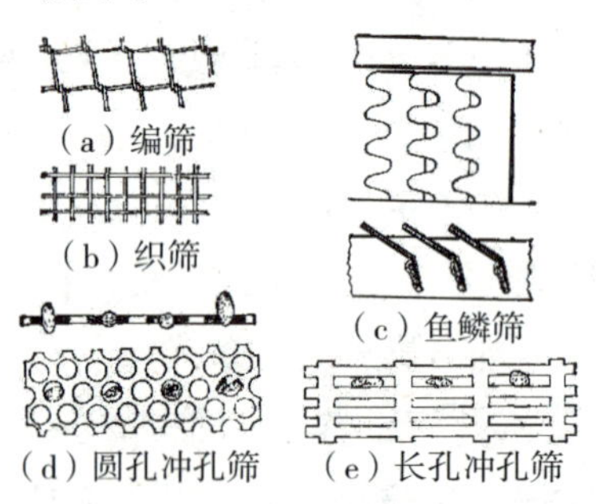

图 7-13 常用筛

编筛，织筛。用钢丝编织而成，制造简单，对气流阻力小，生产率较高；但孔形不准确，而且不能调节，通常用作上筛，清除尺寸较大的混杂物。

鱼鳞筛。由镀锌铁皮压制的鱼鳞片装配而成，筛孔面积大，通过性能好，孔眼可调，推逐作用好，适于大负荷清选作业，在复式脱粒机和联合收割机的组合式清选装置上被普遍采用。但其制造困难、重量大、价格高、分离精度不高。

冲孔筛。在薄钢板上冲孔而成。有长孔筛和圆孔筛两种。长孔筛按谷粒厚度分离，圆孔筛按谷粒宽度分离。这种筛坚固耐用，孔形准确；但对气流阻力大，通常在多层筛箱中用作下筛。在清选不同作物时，需更换筛片。

• 组合式清选法。一般采用风扇、筛子组合式，如丰收-1100 型复式脱粒机的组合式清选装置由风扇、上筛（鱼鳞筛）、圆孔下筛、筛箱和驱动曲柄等组成，如图7-14所示。

工作时，曲柄经曲柄四连杆机构驱动阶梯抖动板和筛箱做往复摆动，阶梯抖动板经梳齿筛将谷粒混合物均匀地分布到上筛（鱼鳞

筛)前部,在风扇气流作用下,颖壳等轻的混杂物被吹离筛面,抛出机外;断穗等大而重的混杂物,则沿筛面向后推移,穿过尾筛落入杂余搅龙,送入复脱器;谷粒及部分混杂物穿过上筛(鱼鳞筛)孔,落到冲孔下筛筛面上,在风扇气流的配合作用下,将混在谷粒中的轻杂质吹出机外,断穗等大而重的杂物,沿筛面流入杂余搅龙中,送入复脱器。从圆孔下筛漏下的为干净谷粒,由谷粒搅龙和升运器把它送走。

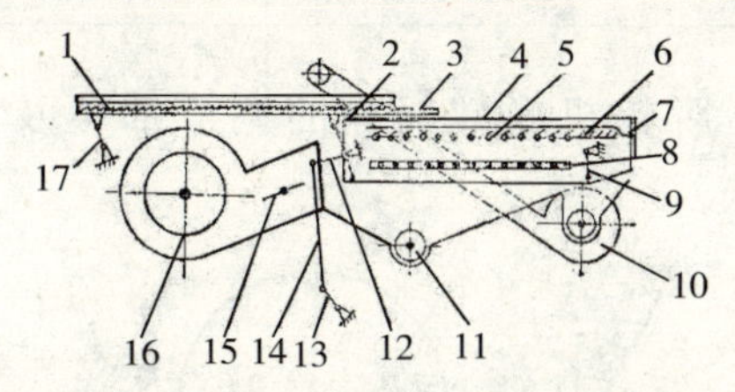

1. 抖运板;2. 双臂摇杆;3. 梳齿筛;4. 筛箱;5. 上筛(鱼鳞筛);6. 尾筛;7. 后挡板;8. 下筛(冲孔筛);9. 摇杆;10. 杂余搅龙;11. 谷物搅龙;12. 驱动臂;13. 曲轴;14. 连杆;15. 导风板;16. 风扇;17. 支撑摇杆

图 7-14 组合式清选法

2. 脱粒机的安装与调节

(1)脱粒装置的安装与调节

①滚筒与凹板间隙的安装调节。滚筒与凹板间隙又叫"脱粒间隙",是决定脱粒质量好坏的关键因素之一。间隙小,脱净率高,但碎茎等杂余增加,功率消耗大,生产率低;间隙大,生产率高,却易导致脱粒不净,谷粒损失大。因此,脱粒间隙调节的原则是:在保证脱净的前提下,采用较大的间隙。

在使用中,脱粒间隙应根据作物品种、含水量、杂余量等具体情况,随时调节。如当脱麦类作物、小粒作物、含水量大的作物时,间隙要调小一些。表 7-2为脱不同作物时,脱粒间隙的参考值。

表 7-2 滚筒与凹板间隙选择范围

作物名称	滚筒与凹板间隙(毫米)	
	入口	出口
麦类	15～25	2～5
高粱	20～30	2～4
豆类	30～45	10～15
水稻	20～30	4～10

丰收-1100 型脱粒机脱粒间隙的调节部位及方法,如图 7-15 所示。

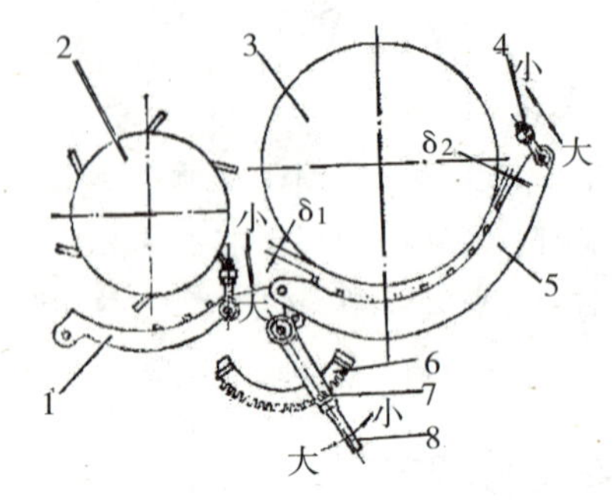

1. 前凹板;2. 前滚筒;3. 滚筒;4. 出口调节螺母;
5. 凹板;6. 定位板;7. 固定螺母;8. 调节手杆

图 7-15 丰收-1100 型脱粒机脱粒间隙的调节部位及方法

当扳动脱粒机板壁外面的脱粒间隙调节手杆时,即能改变入口间隙,并相应改变出口间隙。若只要求单独调节出口间隙,拧动出口调节螺母即可。

注意:进行脱粒间隙调节时,必须保持入口间隙大、出口间隙小,还必须保持左、右两侧间隙一致,否则脱粒机将产生脱净率低、破碎率高的后果。另外,还需注意滚筒纹杆、凹板横格条的磨损情况,以及横格条的变形情况,若磨损、变形严重,应及时修复。

②滚筒转速调节。滚筒转速决定工作部件(纹杆、钉齿、弓齿)脱粒时的线速度,又称“脱粒速度”。脱粒速度越高,脱得越干净,生产率越高,但易造成碎粒、碎茎增多和功率消耗增大的现象。因此,脱

粒速度调节的原则是在保证脱净的前提下，降低转速。

脱粒速度受作物品种、成熟度、温度等因素的影响，使用中，当遇到难脱的品种、成熟度差、温度高的作物时，宜选用较高的速度；反之，则选用较低的速度。表 7-3为纹杆滚筒脱粒速度的参考值。

表 7-3　几种主要作物所需的滚筒转速

作物名称	滚筒与凹板间隙(毫米)	
	线速度(米/秒)	转速(转/分钟)
麦类	27～32	940～1100
高粱	15～27	520～940
豆类	14～20	490～700
水稻	19.8～28	700～900

对于丰收-1100 型脱粒机，可更换中间轴皮带轮和滚筒皮带轮来改变滚筒转速；有的滚筒轴上安装有无级变速皮带轮，此时可根据作物的要求调节皮带轮直径，来获得所需要的滚筒转速。

(2)清选装置的安装调节　筛箱、阶梯抖动板、弹性吊杆、曲柄连杆驱动机构的安装位置要正确，运动时不能有晃动及偏摆现象，否则会产生震动，造成轴承和机件损坏。

①筛子的安装调节。

• 鱼鳞筛孔开度调节。谷粒清洁度差时，筛孔应适当缩小；吹出损失大时，筛孔也应适当缩小。扳动筛尾的筛孔调节手杆，即可改变筛孔的大小。

• 冲孔下筛的更换。冲孔下筛的孔径应根据谷粒大小进行选用。更换时，只需取下筛箱尾部筛子压板，即可换装筛子。

• 尾筛的调节。发现有未脱净谷穗抛出机外时，应适当调大筛面倾角。

②风扇的调节。当脱出物过湿，出现分离不清、带走谷粒时，应适当增大风扇的风量，并调整谷粒滑板与水平夹角，提高分离能力。

③杂余搅龙的安装调节。当杂余搅龙、复脱器发生堵塞时，安全

离合器就会打滑并发出响声，若堵塞后安全离合器不起作用，应放松调节螺母，减小弹簧的压力；反之，若安全离合器在负荷不大时也打滑，则应拧紧螺母。

④升运器调节。刮板式升运器的链条若过紧、过松，均会产生噪音并影响运输能力。其调节部位为被动链轮轴上的调节板。调节时，先松开调节板的固定螺丝，再拧紧螺丝，以移动被动轴位置。其松紧度通常以刮板能向两边倾斜30°为宜。

⑤传动皮带紧度调节。传动皮带的紧度直接影响工作部件的转速，若皮带过松造成打滑，机器将产生堵塞现象。传动皮带紧度一般靠张紧轮来调节。

3.脱粒机的操作使用

(1)脱粒机工作前的准备

①脱粒场的布置。脱粒场应选择在运输方便、操作安全，且地面坚实、平坦、干燥的地方，并有充足的防火设备。若需夜间脱粒，应有必要的照明设备。脱粒场应通风良好，并充分考虑风向，否则将严重影响工作环境。脱粒场的布置如图7-16所示。

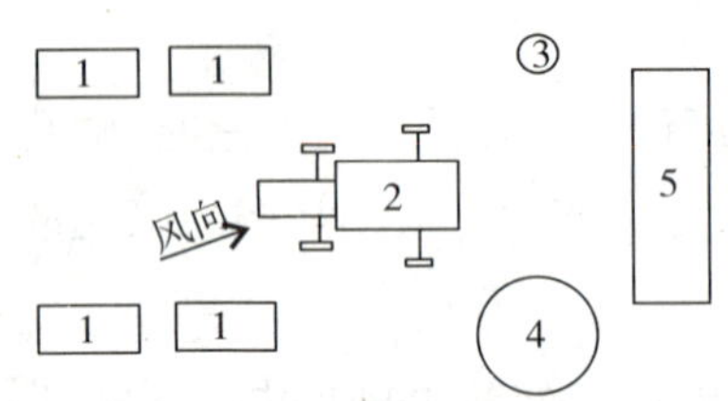

1.待脱粒谷物垛；2.脱粒机；3.颖壳和短茎秆；4.谷物籽粒堆；5.茎秆垛

图7-16　脱粒场的布置

②机器的准备

• 检查脱粒机技术状态，并根据所脱作物情况，对工作部件进行调整。

• 按使用说明书规定，对各润滑设备进行润滑。

• 挂好传动带，调好张紧度。

• 当确定机器一切正常后，进行空运转试车。先低速，再逐渐提高至正常速度，至少 2～3 分钟以上，然后观察各部件运转情况，并进行适当调整。

③人员的准备。根据机器生产率确定人数。脱粒人员应熟悉机器结构、性能及安全操作方法。要对人员进行分工，各负其责。

(2)脱粒机的安全操作

①复式脱粒机工作时，通常有 10 多名操作人员一起工作，很容易出事故。因此，在工作之前，应对参加作业的全部工作人员进行安全生产教育，提高他们对安全生产的认识，防止人身伤害，机车和谷物受到损失。

②脱谷场要备足防火用品，并应规定不准使用明火。

③作业机组的传动部分应装上防护罩。作业机组应规定统一的联络信号，机器起动前应发出信号，待机器运转正常后，才能开始喂入。

④喂入谷物要均匀、连续，要注意谷物中不要混有石头、镰刀、螺钉等硬物，以免损坏机器和造成人身事故。

⑤作业中，要经常检查脱粒机的转速，倾听脱粒机的声音，感受轴承的温度。发现皮带跑偏，应重新对皮带轮中心进行调整，不能用木棒、铁棍硬性阻挡。

⑥机器在运转时，不准挂皮带、注油、清理和排除故障。发现滚筒、逐稿器、搅龙等堵塞时，应迅速停车清理，不准在传动状态下进行清理。发现轴承烫手(超过 60℃)、电机冒烟(超过 70℃)、发动机转速急剧下降或发生“呜呜”叫声时，应立即停车，不许继续作业，待排除故障后再恢复生产。

4.脱粒机常见故障及其排除方法

脱粒机常见故障及其排除方法见表 7-4。

表 7-4 脱粒机常见故障及其排除方法

故障名称	故障原因	排除方法
输送带不转	输送带太紧； 输送带轮缠草。	调节输送带紧度； 清除缠草。
脱粒不净	滚筒转速低； 凹板间隙大； 作物喂入量过多； 作物太湿； 凹板变形、纹杆磨损。	检查电机转速与皮带紧度； 适当调小凹板间隙； 适当减少喂入量； 晾干后再脱粒； 修复凹板、更换纹杆。
破碎率高	凹板间隙小； 滚筒转速高； 喂入不均或喂入过多。	调大凹板间隙； 降低滚筒转速； 均匀喂入。
滚筒堵塞	作物过湿； 作物茎秆过长； 喂入量过多； 滚筒转速过低。	晾干后再脱粒； 切断茎秆后脱粒； 减少喂入量； 提高滚筒转速。
籽粒清洁度差	风扇风量小； 鱼鳞筛片开度大； 作物太湿。	调整端面调风板，增大进风量； 调小鱼鳞筛片开度； 晾干后再脱粒。
清洁室吹出籽粒	风扇风量过大； 鱼鳞筛片开度小； 筛面堵塞； 喂入量过多。	调小风扇端面进风口； 调大鱼鳞筛片开度； 清理筛面； 减少喂入量。

三、谷物联合收获机械使用与维修

谷物联合收获机是把收割机和脱粒机用中间输送装置连接成为一体的机械。它能在田间一次完成收割、脱粒、分离和清选等多项作业，直接获得清洁的谷粒。

1.联合收获机一般构造和工作过程

我国使用的联合收获机主要有自走式全喂入联合收获机、悬挂式全喂入联合收获机、自走式半喂入联合收获机和割前脱粒联合收获机等几种。下面以 JL1065 型谷物联合收获机为例进行介绍。

(1)总体构造和工作过程　JL1065型谷物联合收获机主要由收割台、倾斜输送器、脱粒机、发动机、底盘、传动系统、电气设备、驾驶室和粮箱等组成，其结构如图7-17所示。

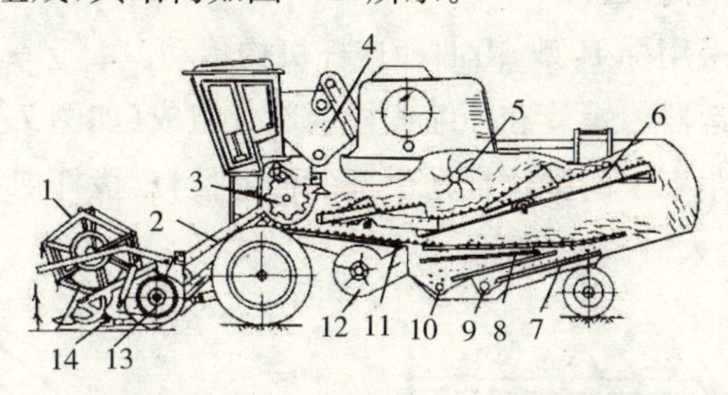

1.拨禾轮；2.倾斜输送器；3.滚筒；4.粮箱；5.逐稿轮；6.逐稿器；7.滑板；8.筛子；9.杂余推运器；10.谷物推运器；11.抖动板；12.风扇；13.割台输送器；14.切割器

图7-17　JL1065型谷物联合收获机

工作时，拨禾轮将待割作物拨向切割器，切割器把作物割断，并铺放到收割台上，由割台的螺旋推运器向中央集中，倾斜输送器将作物喂入脱粒装置进行脱粒。脱出物分成两路，大部分谷粒连同颖壳、杂穗和碎茎秆等混合物从凹板筛筛孔漏下，落在阶梯抖动板上；长茎秆和少量夹带的谷粒等被逐稿轮抛到逐稿器上，在逐稿器的抖动抛送作用下，谷粒从茎秆中分离出来，并经键面滑板滑落到抖动板上，与凹板落下的谷粒混杂物汇合，长茎秆则被逐出机外。谷粒混合物经阶梯抖动板送入清选装置中，在筛子和风扇的配合下，轻杂物被吹出，谷粒经双层筛子漏下，落入谷粒搅龙，由升运器送往粮仓。未脱净的杂余、断穗经下筛尾部落入杂余搅龙，由升运器送回脱粒装置，再次脱粒。

(2)主要工作部件

①割台部分。联合收获机割台上装有拨禾轮、切割器、螺旋推运器和倾斜输送器等。

拨禾轮为偏心弹齿式，由三角皮带带动，转速在29～48转/分钟，无级可调。拨禾轮轴通过轴承固定到左右支臂上，左右支臂上各开有 12 个螺栓孔，用于调节拨禾轮的前后位置。支臂与左右两侧的两个同步液压缸铰接，在驾驶室内扳动操纵杆，即可通过液压系统调节拨禾轮的高低位置。

切割器采用标 II 型，由曲柄连杆机构传动。

螺旋推运器由螺旋和伸缩拨杆两部分组成(如图 7-18)。两端的螺旋叶片把割下来的谷物推向中部的伸缩拨杆，拨杆把谷物扭转 90°后，沿纵向送入倾斜输送器。

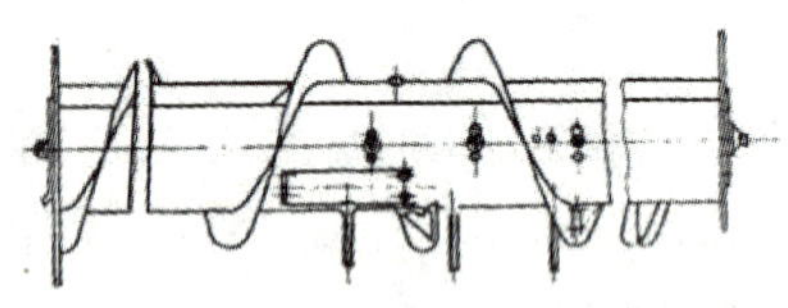

图 7-18　螺旋推运器

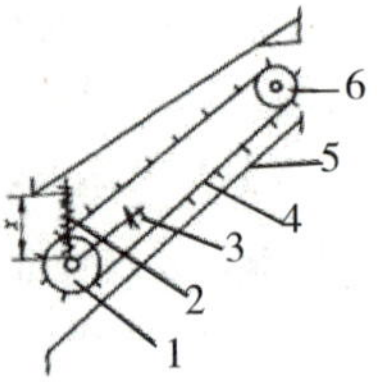

图 7-19　倾斜输送器

倾斜输送器是位于割台和脱粒机之间的中间输送装置。它的作用是把割台上的谷物均匀地输送进脱粒机。JL1065 型联合收获机上采用的是链耙式倾斜输送器，它由壳体和链耙组成(如图 7-19)。

链耙即在套筒滚子链上固定有许多耙杆。耙杆呈 L 形，其工作边缘呈锯齿状，以增强对谷物的抓取能力。在下部被动轴上装有弹簧自动张紧机构，调节弹簧预压力，可以张紧被动轴，同时使被动轴处于浮动状态。当谷物变厚时，压缩弹簧，顶起被动轴。工作前，应调节输送链条的张紧度。

②脱粒部分。联合收获机脱粒部分由脱粒装置、分离装置和清选装置等组成。

脱粒装置有纹杆式和钉齿式两种滚筒。纹杆滚筒用于脱麦类、大豆、玉米、高粱、油菜和向日葵等作物；钉齿滚筒用于脱水稻。滚筒的转速用设在驾驶室内的滚筒转速调节手柄控制。凹板为整体栅格式，包角为 104°，凹板尾端装有指状延长筛，脱粒后的长茎秆经延长筛被逐稿轮抛送到逐稿器上。

分离装置包括逐稿轮和横向逐稿器。横向逐稿器由装在横轴上的曲状弹齿构成，作用是拨动茎秆做横向移动，使茎秆在键面上均匀分布，以提高逐稿器的分离作用。另外，在逐稿轮的后面安装有挡帘，用来阻挡茎秆，延长键面对茎秆的抖动作用，以加强分离作用。挡帘的高低调整由位于发动机处的拉链控制。

清选装置位于脱粒装置和逐稿器的下方，用来清选由凹板和逐稿器分离出来的谷粒混合物。本机采用筛选和风选相结合的清选系统。

③输送装置。经清选后的谷粒进入谷粒搅龙，由升运器输入粮箱。同样，尾筛和下筛尾部排出的杂余物，经杂余搅龙和杂余升运器，被送入滚筒复脱。两种搅龙和升运器的结构是一样的。

2.联合收获机的使用与调整

(1)联合收获机的试运转　新购置、大修或长时间存放后的联合收获机在正式作业前必须进行试运转，以保证良好的技术状态和延长机器使用寿命。下面以"谷神"4LZ-2 联合收获机为例，说明试运转的一些注意事项。

联合收获机试运转首先要按照《使用说明书》的要求加足相应牌号的燃油、机油、液压油、齿轮油和冷却水，对各润滑点加注润滑脂，对紧固件和张紧件进行紧固、张紧，然后按以下四个程序进行：

①发动机试运转，时间为 15～20 分钟。按照《柴油机使用说明书》的要求进行试运转。

②行走试运转，时间为 5 小时。当发动机水温升高至 60℃以上时，从低挡到高挡、从前进挡到后退挡逐步进行。在试运转过程中，应采用中油门工作，应留心观察，并检查以下项目：

• 检查变速箱和离合器有无过热、噪音，以及变速箱有无漏油现象，并检查润滑油面。

• 检查前后轮轴承部位是否过热，轴向间隙应在 0.1～0.2

毫米。

• 检查转向和制动系统的可靠性，以及刹车夹盘是否过热。

• 检查两根行走皮带是否符合张紧规定。主离合器和卸粮离合器传动带能否脱开。

• 检查轮胎气压，并紧固各部位螺栓，特别是前后轮轮毂螺栓、边减半轴轴承螺栓和锥套锁紧螺母、无级变速轮各紧固螺栓、前轮轴固定螺钉、后轮转向机构各固定螺栓、发动机机座和带轮紧固螺栓等。

• 检查动力输出轴壳体和带轮是否过热。

• 检查电器系统仪表、各信号装置是否正常。

③联合收获机组试运转，时间为 5 小时。

• 联合收获机组试运转前的准备工作：仔细检查各传动带和链条是否按规定张紧，包括输送器和升运器输送链条；将轴流滚筒栅格凹板放至最大间隙；打开籽粒升运器壳盖和复脱器月牙盖；对联合收获机内部仔细清理、检查后，用手转动中间轴右侧带轮，应无卡滞现象；检查所有螺纹紧固件是否拧紧。

• 先原地运转，从中油门过渡到大油门，仔细观察是否有异响、异震、异味，以及“三漏”（漏油、漏气、漏水）现象，再大油门运转 10 分钟后检查各轴承处有无过热现象。

• 缓慢升降割台和拨禾轮油缸，仔细检查液压系统有无过热和漏油现象。

• 在联合收获机各部件运转正常后，将各盖关闭；将栅格凹板间隙调整到工作间隙之后，方可与行走运转同时进行。

• 停机检查各轴承是否过热或松动，各带和链条张紧度是否可靠。

• 检查主离合器、卸粮离合器结合和分离是否可靠。

④带负荷试运转，时间为 30 小时（其中小负荷试运转 20 小时）。带负荷试运转也是试割过程，均在联合收获机收获作业的第一天进

行。一般在地势较平坦、少杂草，作物成熟度一致、基本无倒伏的地块进行。开始以小喂入量低速行驶，之后逐渐加大负荷至额定喂入量。

(2)试运转要注意的事项

①原地试运转一段时间后，可与行走试运转同时进行，但不准用II档以上进行联合收获机的试运转。

②在试割过程中，无论喂入量多少，发动机均应在大油门、额定转速下工作。

③在试割过程中，收割30～50米后，踏下离合器，使变速杆置于空挡位置，继续保持大油门，使机器继续运转15秒左右，待从割台上喂入脱粒清选装置的谷物全部通过后，再减小油门，切断动力。停止运转后进行如下检查：

检查拨禾轮高度和前后位置；检查各部件紧固情况；检查各润滑点有无发热现象；检查并调整各传动带、传动链张紧度；检查脱净率、分离损失、清选损失、籽粒清洁度、籽粒破碎率等情况，以确定是否对脱粒滚筒转速、凹板间隙、风速、风向、筛子开度等进行调整，从而使之达到最佳工作状态。

④试运转全部完成后，按《柴油机使用说明书》规定保养发动机，更换变速箱齿轮油和液压油。按《使用说明书》规定，进行一次全面的维修保养。

(3)联合收获机的使用

①要适时收获。一般在作物黄熟期，即发黄籽粒开始变硬、手指甲掐不断的时候开始收获。收获过早会因籽粒含水分多使籽粒破碎严重；收获过晚，容易产生打击落粒损失严重的情况。

②确定合适的行走路线。常用的行走路线是从一侧进地，采用回形走法进行收获。带粮箱的自走式联合收获机，要考虑卸粮的问题，如果卸粮筒在左侧，则应在左侧靠近已割区，采用顺时针回转法进行收割，以避免压倒未割的作物，同时把地头割出一个宽道，便于

运粮车的进入和转弯。要清理田间的石块、铁丝等硬物，以免损坏割刀。

若作物有倒伏现象，则应尽量采用逆向收割或与倒伏作物成 45°左右的夹角（即侧割）收割，这样可以降低收割损失。

③进入作业区的操作。当联合收获机进入地头空地后，应在发动机低速运转时接上工作离合器，使工作部件转动，并把割台降到要求的割茬高度，然后挂上工作挡位。逐渐加大油门至发动机稳定在额定转速时，平稳起步，进入收割区作业。收割 50～100 米后，停车检查作业质量，如割茬高度、切割损失、脱粒损失、清选损失、籽粒破碎等不符合规定时要进行调整。

④作业行驶。机器尽量直线行驶，如果边割边转弯，会使分禾器不能很好地分禾，分禾器尖至割刀一段距离内的谷物将被压倒，联合收获机的后轮也会压倒一部分作物，造成损失。

⑤油门的使用。为使联合收获机保持良好的技术状态和稳定的工作性能，各工作部件必须在规定的运转速度范围内工作，柴油机要在额定转速下工作。因此，必须采用大油门。在收获作业中，要保持油门稳定，不允许用减小油门的方法降低行车速度或超越障碍，因为这样会降低联合收获机各工作部件的运转速度，造成作业质量下降，而且容易引起割台、输送槽和脱粒滚筒的堵塞。

当需要暂时停车时，需先踏下行走离合器。将变速杆置于空挡，保持大油门运转 10～20 秒，待收获机内谷物处理完后，再减小油门停车。

作业中，若感到收获机负荷过重时，可以踏下行走离合器，待收获机内的谷物处理完后，再继续前进作业。

当收获机行到地头时，也应继续保持大油门运转 10～20 秒，待收获机内谷物脱完并排出机外后，再减小油门，低速进行转弯。

⑥前进速度的选择。收割作业时，应根据脱粒的作物品种的难易程度、长势、干湿，以及联合收获机的喂入量大小来决定前进速度，

同时还可利用割茬高度和割幅宽度来适当调整喂入量，以保证机器高效、优质地进行收割。

一般规律是：收获初期的作物湿度较大，难脱粒，机器易堵，所以机器的前进速度要慢；收获中后期的作物成熟较好，干燥易脱，前进速度可加快；每天的早晚，作物被露水打湿，比较难脱，前进速度要慢；中午前后（10～17 点）则可加快；作物生长得高密，前进速度要慢；作物生长得稀矮，可加快前进速度。

⑦收割幅宽的选择。尽可能进行满负荷作业，但喂入量不能超过规定的许可值。在作业时不能有漏割现象，割幅掌握在割台宽度的 90％为好。

⑧及时卸粮，并且一次要卸完。当粮箱接近充满时，应及时卸粮，以免因粮箱过满卸粮搅龙不易起动，并引起籽粒升运器堵塞打滑。卸粮要一次卸完，如中途停卸，则卸粮搅龙中充满籽粒，下次起动困难。在行进中卸粮时，联合收获机要直线慢速且与运粮车同速行进，保持相对位置，以免抛洒粮食。

⑨在风力较大的天气收割。机组最好不要顺风前进收获，以免影响筛子上面的杂余排出。顺风收割时，应把风扇的风量调大，以便把杂余吹出机外；逆风收割时，应把风扇的风量调小些，以免把谷粒吹出机外。

⑩收获过干、过熟作物的操作。要降低拨禾轮的高度，使拨禾轮不击打作物的穗头部位，以减少掉粒；要降低拨禾轮的转速，以减少对作物的击打次数。

⑪随时注意仪表、信号。当发现有异常情况时，应马上停车，查明原因，排除故障。

⑫田间临时停车，重新作业前应先倒车。机器在作业中因故障等原因临时停车后，重新开始作业时，应该首先倒车，使切割器退出，离作物一定距离，然后接合工作离合器，加大油门，待转速稳定，再进行收获，以免工作机器带负荷起动，引起损坏。

(4)联合收获机的安全生产注意事项

①机组人员应熟悉安全操作联合收获机的规程,并取得联合收获机的驾驶证。

②联合收获机组启动前,将变速杆置空挡,主离合器和卸粮离合器的操纵杆都应在分离位置。机组起步、转弯和倒车时要鸣喇叭,并观察机组周围情况,确保在人、机安全后再启动。

③清理、调整或检修机器,必须在停止运转后进行。在割台下工作时,应将割台用硬物支牢,不能仅靠液压油缸支撑,以免液压油泄漏,导致割台下降将人压住。

④严禁在高压线下停车或进行检修,不允许平行于高压线方向作业。

⑤地面不平时不得高速行驶,以免机器变形或损坏。运输时,割台应升起。

⑥在联合收获机工作时,不允许用手触摸各转动部件。在联合收获机停止工作后,应将变速杆放在空挡位置。

⑦注意防火。不允许在联合收获机上和正在收割的地块吸烟,夜间工作严禁用明火照明。机器上应配备灭火器。

⑧当联合收获机因出现故障需要牵引时,最好采用不短于 3 米的刚性牵引杆,并挂接在前桥的牵引钩上。

⑨卸粮时禁止用铁锹等铁器在粮箱里助推籽粒,禁止在机器运转状态下爬入粮箱助推籽粒。

⑩联合收获机停车时,必须先将割台放落到地面,待所有操纵装置回到空挡位置和中间位置后,才能熄火。坡地停车时,应将手刹拉上。离开驾驶台时,应将启动开关钥匙拔掉,并将总闸断开。

(5)联合收获机的有关调整

①拨禾轮的调整。为了适应小麦生长的高低、疏密、直立、倒伏等不同情况,联合收获机的拨禾轮一般都采用偏心拨禾轮,其能进行

前后、高低、弹齿倾角、转速的四项调整。

• 拨禾轮高低调整。收获直立作物时，拨禾轮轴多放在割刀前60～70 毫米处，高度以能使拨禾轮压板的下边缘拨到已割作物为宜，一般使弹齿轴打在穗头下方，拨禾轮弹齿倾角垂直于地面。

• 拨禾轮前后调整。收直立作物时，调到距护刃器前梁垂线250～300毫米距离处；收顺倒伏作物时，尽可能靠前调；收逆倒伏作物时，应靠近护刃器位置。收高杆大密度作物时，要前调；收稀矮作物时，要尽可能后移接近喂入搅龙，但要避免弹齿碰到护刃器、割台搅龙的叶片，距这两者的距离不能小于 20 毫米。

• 拨禾轮弹齿倾角调整。一般收直立生长作物时，垂直；收顺倒伏作物时，向后偏转；收逆倒伏作物时，略向前偏转；收高杆大密度作物时，略向前偏转；收稀矮作物时，向前偏转。

• 拨禾轮转速调整。拨禾轮的转速要与机器前进速度相适应，一般应为主机行走速度的 10%左右。当机器前进速度提高时，拨禾轮的转速也要相应增加，以保证拨禾轮对作物起到良好的扶持切割和推送铺放的作用。

②往复式切割器的调整(见收割机部分)。

③喂入搅龙的调整。为了适应作物的喂入量大小，保证顺利输送，对喂入搅龙，一般有上、下、前、后位置及伸缩扒指伸出长度的调整。

• 喂入搅龙叶片与割台底板之间的间隙。喂入搅龙叶片与割台底板之间的间隙为 15～20 毫米；对于稀矮作物，为 10～15 毫米；对于高大稠密作物和固定作业，为 20～30 毫米。以“谷神”4LZ-2 联合收获机为例，其调整方法是：首先松开喂入搅龙传动链条张紧轮，然后将割台两侧壁上的螺母松开，再将右侧的伸缩齿调节螺母松开，按需要的搅龙叶片和底板之间的间隙量，拧转调节螺母，使喂入搅龙升起或降落到规定的间隙。

调整以后必须完成下列工作：检查喂入搅龙和割台底板母线的

平行度,使沿割台全长间隙分布一致;检查并调整喂入搅龙链条的张紧度;检查伸缩齿伸缩情况,测量间隙是否合适;拧紧两侧壁上的所有螺母。

• 伸缩齿与割台底板之间的间隙。伸缩齿应保证将铺放在割台中间的作物及时、可靠地喂入过桥,并且没有茎秆回带现象。对一般作物,应调整为10～15毫米;对稀矮作物,可调整为不小于6毫米。调整方法是:松开伸缩齿调节手柄固定螺母,转动伸缩齿调节手柄,即可改变伸缩齿与底板间隙。将手柄向上转,间隙减小;向下转,间隙变大。调整完后,必须将伸缩齿调节手柄固定螺母拧紧。

④倾斜输送器(过桥)的调整。作物是靠倾斜输送器的链耙送入脱粒室的,链耙张紧度和间隙的大小直接影响到作物的输送和工作部件的使用寿命。检查链耙张紧度的方法:用手抓住链耙的中部,将链耙的中部向上提,其提起高度以20～35毫米为宜。链耙耙齿与过桥底板之间的间隙为10毫米左右。调整方法是:松开锁紧螺母,改变被动轴的前后位置,就可改变链条的张紧度。

⑤脱粒与清选装置的调整(见脱粒机部分)。

⑥籽粒升运器的调整。籽粒升运器用于将清选出的籽粒提升到粮箱。"谷神"4LZ-2型联合收获机的籽粒升运器由籽粒搅龙、链轮、刮板链条、顶搅龙等组成。使用一段时间后,刮板链条会伸长,应及时调整。方法是:松开张紧螺栓、螺母,调节该螺栓,上提张紧板,将刮板张紧链条张紧;反之放松。在调节张紧螺栓时,应两侧同步调整,并要注意保持链轮轴的水平位置,不得偏斜,更不准水平窜动。

链条的张紧度应适宜,检查方法是:在升运器壳底部开口处用手转动刮板输送链条,以能够较轻松地绕链轮转动为适度,或试车空转时未能听见刮板输送链条对升运器壳体的颤动敲击声为宜。

3.联合收获机的保养与维修

(1)联合收获机的班保养 联合收获机工作10小时左右,即一

个班次作业结束后，必须及时、认真地按下述规定的内容对联合收获机进行班保养。

①发动机的班保养应按《柴油机使用说明书》规定进行。

②彻底清理联合收割机各部分的缠草，以及颖糠、麦芒、碎茎秆等堵塞物，尤其应清理拨禾轮、切割器、喂入搅龙缠堵物、凹板前后所在的脱谷室三角区、上下筛间两侧弱风流道堵塞物、发动机机座附近沉降物、变速箱输入轮积泥。

③检查发动机空气滤清器、粗滤器和主滤芯，以及散热器格子集尘情况。

④检查和杜绝漏粮现象。

⑤检查各紧固件状况，包括各传动轴轴承座（特别是驱动桥左右半轴轴承座）、紧定套螺母和固定螺栓、偏心套、发动机动力输出带轮、过桥主动轴输出带轮、摆环箱输入带轮、第一分配搅龙双链轮端面固定螺栓、筛箱驱动臂和摆杆轴承固定螺栓，以及转向横拉杆球铰开口销、无级变速轮栓轴开口销、行走轮固定螺栓、发动机机座固定螺栓。

⑥检查护刃器和动刀片有无磨损、损坏和松动情况，以及切割间隙情况。

⑦检查过桥输送链耙的张紧度。

⑧检查 V 型胶带的张紧度。

⑨检查传动链张紧度。当用力拉动松边中部时，链条应有 20～30 毫米的挠度。

⑩检查液压系统油箱油面高度、各接头有无漏油现象和各执行元件之间的工作情况。

⑪检查制动系统是否可靠、变速箱两侧半轴是否窜动（行走时有周期性碰撞声）。

⑫按规定的时间润滑各摩擦件。并注意以下事项：润滑油应放在干净的容器内，并防止尘土入内；油枪等加油器械要保持洁净，注

油前必须擦净油嘴、加油门盖及其周围。经常检查轴承的密封情况和工作温度，如因密封性能差，工作温度升高，应及时润滑和缩短相应的润滑周期。

装在外部的传动链条每班均应润滑。润滑时必须停车进行，应先将链条上的尘土清洗干净，再用毛刷刷油润滑。对各拉杆活节、杠杆机构活节，应滴机油润滑。

变速箱试运转结束后，应清洗换油，以后每周检查一次，每年更换一次。

对液压油箱，每周检查一次油面，每个作业季节完后清洗一次滤网，每年更换液压油。换油时应先将割台落地，待油放尽后更换新油。

检修联合收获机时，应将滚动轴承拆卸下来，并清洗干净，注入润滑脂（包括滚道和安装面）。

(2)联合收获机的保管 收获作业全部结束后，要对联合收获机进行全面的清理和检查，进行妥善保管。在保管时应注意以下问题：

①清扫机器。先打开机器的全部检视孔盖，清除滚筒室、过桥内的残存杂物，清除割台、驾驶台、清选室（包括发动机）、抖动板、清选筛、清选室底壳、风扇叶轮内外、变速箱外部等残存物。

清扫完后，将升运器壳盖和复脱器月牙板盖打开，并将机器发动且带动工作装置高速运转 5～10 分钟，以排尽残存物。之后用压力水清洗机器外部。最后再开机 3～5 分钟将残存水甩干，将割台、拨禾轮放到最低位置，使柱塞杆缩入液压油缸。

清洗车体时，不要将水沾到电器上和机体内部，以防造成故障。

②对收割机进行全面维修。机器使用了一个作业季节，工作部件（特别是易损件）肯定会有不同程度的变形、磨损及损坏，尤其是使用了几年的旧机器，更应对其所有部件进行彻底的检查、修复、更换工作。

检查分禾器是否有变形、断裂等情况，若有，应予以修理。

检查拨禾轮的弹齿有无变形、轴承有无磨损，若有，则进行校正或更换新件。

检查切割器的刀片有无磨损、护刃器有无变形，若有，则更换新件和校正。

检查割台搅龙的叶片有无变形、磨损，若升缩扒指导套与扒指间隙超过 3 毫米，应更换扒指导套。

检查输送链耙，更换变形的耙齿。

检查脱粒装置、清选装置、谷粒搅龙、杂余搅龙等的磨损、变形情况，视情况进行修理或更换。

检查罩壳、机架是否有变形，检查轴上的键与键槽是否完好、轴承的间隙是否合适，有问题的要修理或更换。

③按润滑图、表和《柴油机使用说明书》进行全面润滑，然后用中油门将机器空运转一段时间。

④对磨去漆层的外露零件要重新涂漆，以防生锈。对摩擦金属表面，如各调节螺纹处，要涂油防锈。

⑤取下全部 V 型皮带，检查是否有因过分打滑或老化造成的烧伤、裂纹、破损等严重缺陷，若有，应予更换。能使用的皮带应清理干净，抹上滑石粉，挂在阴凉干燥的室内，系上标签，妥善保管（务必注意老鼠对胶带的破坏）。

⑥卸下链条，清理干净，并在 60～80℃的机油中加热进行润滑，然后用纸包好放入库中。

⑦卸下割刀并涂抹黄油，然后吊挂存放，以防变形。

⑧放松安全离合器压缩弹簧。

⑨卸下电瓶，进行专门保管，每月充电一次，充电后应擦净电极，并涂上凡士林。

⑩保护好仪表箱、转向盘及其组合电器开关、排气管出口等，易进雨、雪的地方要加盖篷布封闭。

⑪清理好备件和工具，检查收割机各部位情况，并记入档案。

⑫发动机按《柴油机使用说明书》进行保管。

⑬联合收割机应存放在干燥、无灰尘、地面平坦、有水泥或铺砖地面的室内，不要露天存放。若不得已在棚子内存放时，则应选干燥、通风良好处，地面应铺砖。支起联合收割机的前后桥，让轮胎离地，将轮胎放气至0.05兆帕，并防日晒雨淋。

(3)联合收获机的常见故障及其排除方法 多数联合收获机的故障都是由于不正确的调整引起的。下面以常用的机型为例来分析常见的故障现象与排除方法，见表7-5至表7-9。

表7-5 谷物联合收获机收割台常见故障及其排除方法

故障现象	故障原因	排除方法
割切堵塞	遇到石块、木棍、钢丝等硬物； 动定刀片切割间隙过大； 刀片或护刃器损坏； 割茬低，使割刀上积土。	立即停车排除硬物； 调整刀片间隙； 更换刀片或修磨护刃器； 提高割茬高度，清理积土。
割台前堆积作物	割台搅龙与割台底板间隙过大； 茎秆短，拨禾轮太高或偏前； 拨禾轮转速太低； 作物短而稀。	按要求调整间隙； 调整拨禾轮位置，降低割茬； 提高拨禾轮转速； 提高机器前进速度。
作物在割台搅龙上架空，喂入不畅	机器前进速度偏高； 割台搅龙的拨齿伸出位置不对； 拨禾轮离割台搅龙太远。	降低机器前进速度； 向前上方调整拨齿位置； 后移拨禾轮位置。
拨禾轮打落籽粒太多	拨禾轮转速太高，打击次数多； 拨禾轮位置偏前，打击强度高； 拨禾轮位置太高，打击穗头。	降低拨禾轮转速； 后移拨禾轮位置； 降低拨禾轮位置。
拨禾轮翻草	拨禾轮位置太低； 拨禾轮弹齿后倾偏大； 拨禾轮位置偏后。	提高拨禾轮位置； 按要求调整拨禾轮弹齿倾角； 拨禾轮位置前移。
拨禾轮缠草	作物长势蓬乱； 作物茎秆过高、过湿。	停车及时排除缠草； 适当升高拨禾轮位置。
被割作物向前倾倒	机器前进速度偏高； 拨禾轮转速太低； 切割器上缠土； 动刀切割速度太低。	降低机器前进速度； 提高拨禾轮转速； 清理切割器缠土； 检查、调整传动带张紧度。

表 7-6 谷物联合收获机脱粒和清选系统常见故障及其排除方法

故障现象	故障原因	排除方法
滚筒堵塞	板齿滚筒转速偏低或滚筒皮带张紧度偏小； 喂入量偏大； 作物潮湿； 发动机油门不到额定位置。	关闭发动机，将活动凹扳放到最低位置，打开滚筒室周围各检视孔盖和前封闭板，盘动滚筒带，将堵塞物清除干净。适当提高板齿滚筒转速，或调整皮带张紧度； 降低机器前进速度或提高割茬； 适当延期收获，或降低喂入量； 待作物干燥后收获收； 紧钢丝绳，将油门调到位。
滚筒脱粒不净率偏高	板齿滚筒转速太低； 活动凹板出口间隙偏大； 作物潮湿； 喂入量偏大或不均匀； 纹杆磨损或凹板栅格变形。	提高板齿滚筒转速； 减小活动凹板出口间隙； 待作物干燥后收获； 降低机器前进速度； 更换或修复。
谷粒破碎太多	板齿滚筒转速过高； 活动凹板出口间隙偏小； 作物过熟； 籽粒进入杂余搅龙太多； 复脱器揉搓作用太强。	降低板齿滚筒转速； 适当放大活动凹板出口间隙； 适当提早收获； 减小风扇进气量，增大上筛开度； 适当减少或取消复脱器搓板数。
谷粒脱不净而破碎多	凹扳扭曲变形，两端间隙不一致； 板齿滚筒转速偏高； 板齿滚筒转速较低； 凹板间隙偏大，滚筒转速偏高； 凹板间隙偏小，滚筒转速偏低； 轴流滚筒转速偏高。	校正活动凹板； 降低板齿滚筒转速； 适当提高板齿滚筒转速； 适当缩小间隙和提高转速； 适当放大凹板间隙和提高转速； 降低轴流滚筒转速。

续表

故障现象	故障原因	排除方法
滚筒转速失稳或有异常声音	滚筒室有异物； 螺栓松动、脱落或纹杆损坏； 滚筒不平衡或变形； 滚筒轴向窜动与侧壁摩擦； 轴承损坏； 脱谷室物流不畅。	排除滚筒室异物； 拧紧螺栓，更换纹杆； 调平衡，修复变形或更换滚筒 调整并紧固牢靠； 更换轴承； 放大凹板出口间隙，提高滚筒转速，校正排草板。
排草中夹带籽粒偏多	发动机未达到额定转速，或脱谷皮带未张紧； 滚筒转速过低或栅格凹板前后“死区”堵塞，分离面积缩减； 喂入量偏大。	检查油门是否到位，或张紧联组皮带、脱谷皮带； 提高板齿滚筒转速，清理栅格凹板前后“死区”堵塞； 降低机器前进速度或提高割茬。
排糠中籽粒含量偏高	筛片开度较小； 风量偏大使籽粒吹出； 喂入量偏大； 茎秸含水量太低，茎秸易碎； 滚筒转速太高，清选负荷加大； 风量偏小。	适当开大筛片开度； 调小调风板开度； 降低机器前进速度或提高割茬； 提早收获； 降低滚筒转速； 开大调风板开度。
谷粒中含杂率偏高	上筛前段筛片开度偏大； 风量偏小。	适当调小该筛片开度； 适当开大调风板开度。
杂余中颖糠偏多	风量偏小； 下筛后段开度偏大。	适当开大调风板开度； 下筛后段筛片开度适当调小。
粮中穗头偏高	上筛前段开度偏大； 风量偏小； 板齿滚筒转速偏低； 复脱器内未装搓板。	适当调小该段筛片开度； 适当开大调风板开度； 提高板齿滚筒转速； 装上搓板，开大杂余筛片开度。

续表

故障现象	故障原因	排除方法
复脱器堵塞	清选皮带张紧度偏小； 作物潮湿，进入复脱器杂余量大； 安全离合器弹簧预紧扭矩不足。	增大清选带张紧度； 增大调风扳开度，增加复脱器搓板； 停止工作，排除堵塞，检查安全离合器预紧扭矩是否符合规定。

表 7-7 谷物联合收获机底盘系统常见故障及其排除方法

故障现象	故障原因	排除方法
行走离合器打滑	分离杠杆不在同一平面； 变速箱加油过多，摩擦片进油； 摩擦片磨损偏大，弹簧压力降低，或摩擦片铆钉松脱。	调整分离杠杆螺母； 拆下摩擦片清洗，检查变速箱油面； 修理或更换摩擦片，更换公差范围内的弹簧。
行走离合器分离不清	分离杠杆膜片弹簧与分离轴承自由间隙偏大，主被动盘分离不彻底； 分离轴承损坏。	调整膜片弹簧与分离轴承之间的自由间隙； 更换分离轴承。
挂挡困难或掉挡	离合器分离不彻底； 小制动器触动间隙偏大； 工作齿轮啮合不到位； 换挡叉轴锁定机构不能到位； 换挡软轴拉长。	及时调整离合器； 及时调整小制动器间隙； 调整滑动轴挂挡位置； 调整锁定机构弹簧预紧力； 调整换挡软轴调整螺丝。
变速器工作时有异响	齿轮严重磨损； 轴承损坏； 润滑油油面不足或型号不对。	更换齿轮； 更换轴承； 检查油面或润滑油型号。
变速范围达不到	变速油缸工作行程达不到； 变速油缸工作时不能定位； 动盘滑动副缺油卡死； 行走带拉长打滑。	系统内泄，送工厂检查修理； 系统内泄，送工厂检查修理； 及时润滑； 调整无级变速轮张紧架。

续表

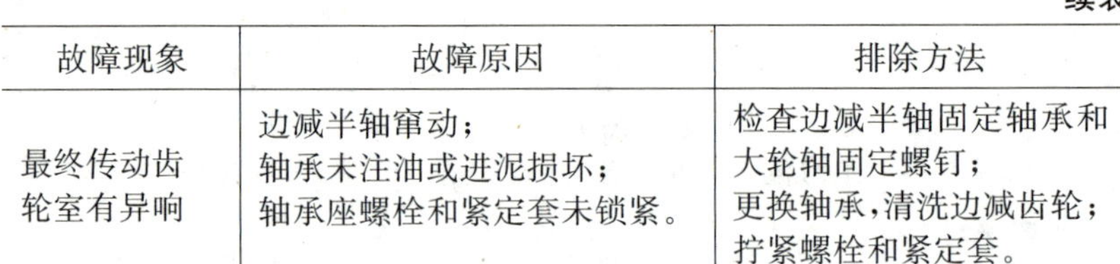

故障现象	故障原因	排除方法
最终传动齿轮室有异响	边减半轴窜动； 轴承未注油或进泥损坏； 轴承座螺栓和紧定套未锁紧。	检查边减半轴固定轴承和大轮轴固定螺钉； 更换轴承，清洗边减齿轮； 拧紧螺栓和紧定套。

表 7-8　谷物联合收获机液压系统常见故障及其排除方法

故障现象	故障原因	排除方法
操作系统所有油缸在接通多路换向阀时均不能工作	油箱油位过低，油泵出油口不出油； 溢流阀工作压力太低； 锥阀脱位或阀面黏有机械杂质； 换向阀杆行程不到位，阀内油道不畅。	检查油箱油面，按规定加足液压油，检查泵的密封性； 按要求调整溢流阀弹簧工作压力； 清除机械杂质； 调整。
割台和拨禾轮升降缓慢或只升不降	溢流阀工作压力偏低； 油路中有气； 滤清器被脏物堵住； 齿轮系内泄； 齿轮泵传动带未张紧； 油缸节流孔被脏物堵塞。	按要求调整溢流阀弹簧压力； 排气； 清洗； 检查泵内卸压片和泵盖密封圈； 按要求张紧传动带； 拆下接头，排除脏物。
割台和拨禾轮升降速度不平稳	油路中有气； 溢流阀弹簧工作不稳定。	排气； 更换弹簧。
割台与拨禾轮自动沉降（换向阀中位时）	油缸密封圈失效； 阀体与滑阀间隙变大； 滑阀位置没对中； 单向阀密封带磨损或黏有脏物。	更换密封圈； 送工厂检修或更换滑阀； 使滑阀位置保持对中； 更换单向阀或清除脏物。
转向盘居中时机器跑偏	转向器拔销变形或损坏； 转向器弹簧片失效； 联动轴开口变形。	送工厂检修。
转向沉重	油泵供油不足； 转向系油路中有空气； 单向阀的节流孔堵塞。	检查油泵和油面高度； 排除空气； 清除脏物。

表 7-9 谷物联合收获机电气系统常见故障及其排除方法

故障现象	故障原因	排除方法
启动无反应	蓄电池极柱松动或电缆线搭铁不良； 启动电路中易熔线、电流表、点火开关的启动挡、起动继电器中有损坏或接触不良之处； 起动机电磁开关或电枢绕组损坏。	紧固极柱，将搭铁线与机体连接可靠，搭铁处不允许有油漆或油污； 更换新件或检查插接件结合处并连接好； 更换新件。
不充电	电流表损坏或极性接反； 发电机内部故障； 调节器损坏； 发电机风扇皮带打滑或连接线断。	更换表头或正负极性线头对调； 修理或更换； 更换； 调整好风扇皮带的松紧度或将发电机各连接导线连接正确和牢固。
充电电流过大，发动机中速以上运转时，电流表指示大电流	调节器损坏，失调； 发电机电枢接柱与磁场接柱短路； 发电机内部故障； 蓄电池亏电过多或其内部短路。	更换； 排除发电机外部接柱短路现象； 修复或更换； 蓄电池预充电或更换。
报警器主机不显示或背光不亮	电源插头处没电； 电路插头没插好； 报警与主机故障。	检查线路，接好； 重新插好； 更换报警器主机。
报警器及报警灯指示不正常	报警器主机故障。	更换报警器主机。
报警器主机指示正常，但报警灯不亮	脱谷离合器未合上； 与报警器主机相连的传感器线束插头松脱； 报警器主机内部故障。	合上脱谷离合器； 插好并紧固两边螺丝； 更换报警器主机。
报警器主机显示正常，但报警灯不停地闪烁	转速低于报警点。	加大油门，提高转速。

续表

故障现象	故障原因	排除方法
报警器主机显示正常，报警灯不停地闪烁，但蜂鸣器不响	报警器主机面板上的报警开关未打开； 报警器主机内部故障。	打开主机报警器开关； 更换报警器主机。
单个或多个报警灯常红不变绿，并报警（最大油门时）	磁钢装反或丢失； 传感器与磁钢的间隙大于5毫米； 所对应的自感器线断开； 所对应的传感器失效； 报警器主机内部故障。	重新装好； 调整间隙为3～5毫米； 接好； 更换传感器； 更换报警器主机。

4.联合收获机主要易损件的修理

(1)动刀片的更换 联合收获机的动刀片是最容易损坏的工作部件之一。如果动刀片的刃口出现崩刃、磨损后，就需要更换新刀片。更换动刀片时，需要把刀杆与传动机构分离，抽出刀杆。然后用錾子剔去需更换的刀片，再铆上新刀片。

(2)定刀片的更换 更换定刀片时，先拆下护刃器上的螺栓，卸下护刃器，然后用錾子剔去报废的刀片，再铆上新刀片。铆接时应注意铆钉头应低于定刀片的工作面。如果护刃器变形，则换上铆有定刀片的新护刃器。

在更换完定刀片或护刃器后，应进行检查，要求所有的定刀片要在同一平面内，其偏差不超过0.5毫米。

(3)刀杆变形的校正 刀杆弯曲时，可用木锤敲击校正。先校正最弯处，不可用铁锤直接校正刀杆，不能在刀杆上留下凹陷、毛刺和改变刀杆的断面形状。

刀杆扭曲时，将刀杆卸下，将刀杆没有扭曲的部位固定在虎钳上，用大活动扳手夹住扭曲部位，缓慢用力，向刀杆扭曲的反方向扳转，直到刀杆平直为止。校正时，扳手夹持刀杆的位置尽可能靠近虎

钳，避免校正刀杆扭曲时引起刀杆弯曲。

(4)刀杆断裂　因为刀杆断裂的修复工艺较复杂，修复后的刀杆很难保证其平直度及有关动刀片间的距离，且如果使用断裂的修复刀杆，常会加剧相邻零件的磨损和产生卡滞现象，所以，刀杆断裂后，应更换新刀杆。

(5)护刃器修理　若护刃器产生弯曲、扭曲、裂纹、断裂等现象，应予以修理。

弯曲、扭曲不大时，可用冷校法进行；弯曲、扭曲较大时，必须将护刃器拆下，进行热校正；有裂纹、断裂以及校正后不能达到整列调节要求的护刃器，应换新品。

护刃器上的压刃器磨损及弯曲变形后，可用增、减垫片调节，也可用手锤敲击压刃器进行冷校。

(6)螺旋叶片的修复　割台搅龙和籽粒、杂余输送搅龙等都是螺旋输送结构。螺旋叶片的损坏形式通常有皱褶、脱焊和边缘磨损。

叶片皱褶变形时，可在其一边垫上枕木，另一边用锤子锤平；

叶片边缘磨损不严重的，可暂不修；磨损严重的，应新做叶片，并用气焊焊牢在圆筒上。

在叶片脱焊部位，用气焊焊补；在叶片易变形处，可在适当位置添加加强筋。

(7)脱粒滚筒的修理　若脱粒滚筒的钉齿磨损或纹杆磨损，可以对磨损元件进行更换。更换后的滚筒，一定要考虑平衡问题，并进行静平衡试验。

(8)筛子修理　编织筛损坏时，可用金属丝补编，并恢复其原有筛孔的大小。

鱼鳞筛筛片折断后，可用锡焊把它重新固定到轴上。筛框和轴弯曲时，可用冷校法校正；筛架的吊杆及其轴承磨损时，可用加装衬套或堆焊方法来恢复。

(9)轴颈磨损的修复　各传动轴的轴颈在使用较长时间后，常出现较大的磨损或键槽损坏，可用表面焊补法进行修复。方法是：拆下需要修理的传动轴，有条件的，最好将需要焊补的轴颈拆下，以使焊层厚度均匀。然后用振动堆焊，焊补后的轴颈一般应比原来需要的尺寸大 5～8 毫米，以备机械加工。焊补后的轴如有变形，应先校正，再车削加工。

第八章 农副产品加工机械使用与维修

农副产品加工机械种类很多,有碾米、磨粉、饲料粉碎、铡草、榨油以及棉、麻、茶、薯、蔗等加工机械,是农村应用最广的一类机械。本章主要介绍碾米、磨粉、饲料粉碎、铡草和榨油等几种常用加工机械的基本构造、工作过程、使用维护和故障维修。

一、碾米机的使用与维修

碾米机主要用来将稻谷加工成白米,也可用于高粱、谷子的脱壳碾白和玉米的脱皮、破碎等杂粮的加工。

1. 稻谷加工的方法及碾米机的种类

(1)稻谷加工方法 稻谷加工成白米的方法有两种:糙出白、稻出白。

糙出白加工法是先将稻谷壳脱去,把稻谷变成糙米,再将糙米碾成白米。这种加工方法适用于大中型粮食加工厂。

稻出白加工法是将稻谷一次碾成白米。这种加工方法存在出米率低、碎米率高等缺点,但是它具有设备简单、投资少、使用维护方便、适应性强、糠屑可直接作为饲料等优点。因此,在农村小型加工厂中应用广泛。

(2)碾米机的种类 碾米机按其结构不同,可分为铁辊式碾米机、金钢砂辊式碾米机和铁筋砂辊式碾米机三种。

按辊筒位置不同,可分为卧式碾米机和立式碾米机两种。其中卧式铁辊碾米机应用较普遍。

2.卧式铁辊碾米机

(1)基本构造与工作过程 卧式铁辊碾米机是压力式碾米机,属于低速重碾机型,它主要由进料部分、碾白部分、传动部分和机架等组成。如图8-1所示。

进料部分由加料斗、进料调节板等组成。主要用于盛放谷物和控制进入碾白室的谷物量。

碾白部分由上盖、主轴辊筒、米刀、米筛、出料口、出料调节板、方箱等组成,其作用是将稻谷碾白,并将米糠分离。

传动部分由皮带轮和皮带组成,用于传递动力。

机架是整个机器的骨架,它由左右墙板、拉紧螺栓、前遮板和出糠板等组成。

工作时,稻谷由进料斗进入机内,在旋转辊筒的螺旋推进作用下,边转动边前进。谷粒在行进过程中,由于碾白室容积逐渐缩小,谷粒间的密度逐渐加大,挤压力和摩擦力逐渐加强。这样,在辊筒、上盖、米刀、米筛和谷粒的综合作用下,达到剥壳、去皮、碾白的效果。碾白后的米粒由出米口排出,糠屑经米筛孔排出。

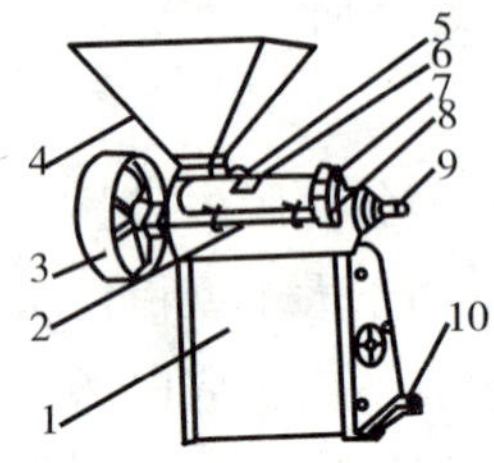

1.方箱;2.米刀;3.皮带轮;4.加料斗;5.进料调节板;6.上盖;7.出料调节板;8.出料口;9.主轴辊筒;10.机座

图8-1 卧式铁辊碾米机

(2)主要工作部件　铁辊式碾米机的工作部件包括辊筒、米机盖、米刀和米筛。

①辊筒。辊筒是碾米机的主要工作部件。它由冷模浇铸而成，表面为白口铁。辊筒表面进口端圆周方向均布有倾斜角度为30°～40°的斜齿(推进齿)，出口端有0°～60°的直齿(精白齿)。如图8-2所示。

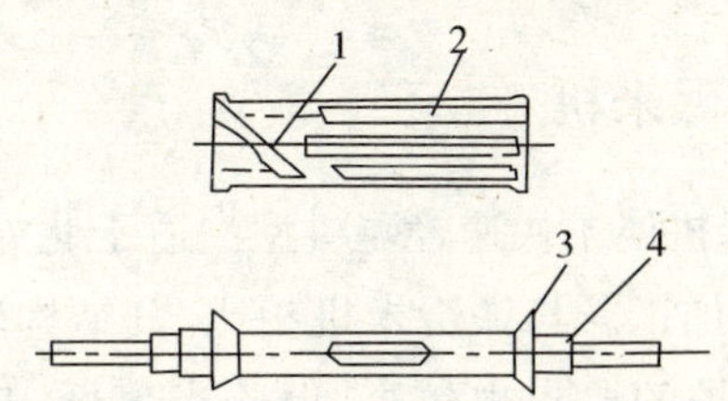

1. 斜齿(推进齿)；2. 直齿(精白齿)；3. 闷盖；4. 辊筒轴

图8-2　辊筒

②米机盖。米机盖上开有进料口和出料口，外形呈半圆形，内表面中部有一定锥度。在米机盖进口的内壁处有一过渡扩散形曲面A，其作用是减少进料阻力，便于导料。如图8-3所示。

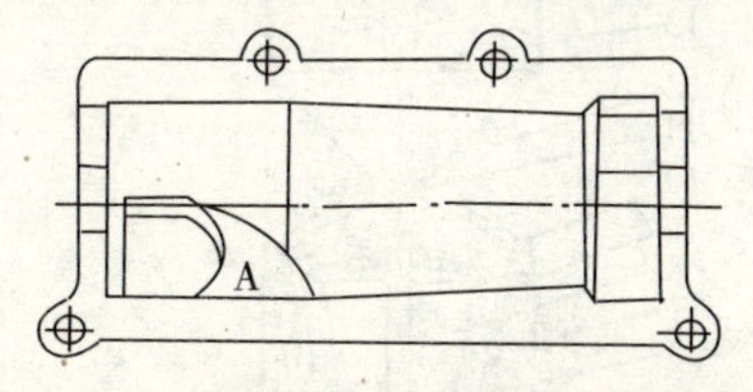

图8-3　米机盖

③米刀。米刀夹在米机盖和机箱之间，起控制碾米精度的作用。米刀一般用6毫米厚的扁钢制成，也有用白口生铁铸成的。当一边磨损后，可翻面、调头使用。四个刃面均磨钝时，可卸下米刀，按要求在砂轮上磨出四个刃面，再安装使用；米刀的两面要平直，两侧面棱角应倒钝。如图8-4所示。

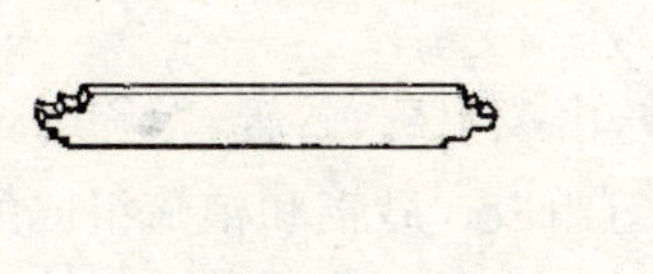

图8-4　米刀

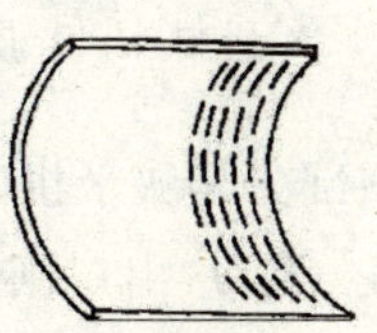

8-5　米筛

④米筛。米筛起排糠和辅助碾白作用。它是用1.5毫米薄钢板压制成的弧形,并冲有许多狭长孔眼,其表面要进行热处理,如图8-5所示。米筛部分损坏时可用铆接或焊补的方法修复。总磨损严重或全部损坏后,应更换新件。安装米筛时,要接平,不得有缝隙,以免米粒嵌进,造成碎米。

3.立式砂辊碾米机

立式砂辊碾米机属于快速轻碾机型。适于北方地区高粱、谷子、玉米、大麦等杂粮加工。与铁辊米机相比,其结构较复杂,制造成本高,使用、操作、维护的要求也较高,但碎米率低、耗电量少,且一机多用。

立式砂辊碾米机主要由进料、碾白和除糠三大部分组成,如图8-6所示。

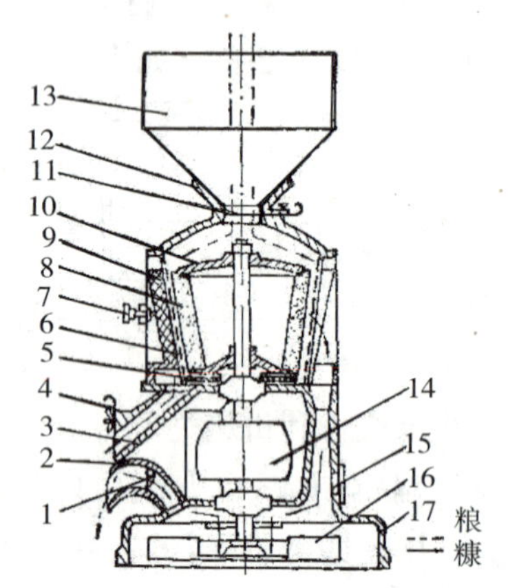

1.风量调节器板;2.除糠器;3.出米嘴;4.出口闸板;5.排米翘;6.糠筛;7.调节手轮;8.砂辊;9.阻刀;10.拨粮翘;11.进料闸板;12.料斗座;13.进料斗;14.皮带轮;15.检视孔;16.风扇;17.机座

图8-6 立式砂辊碾米机

碾白部分是碾米机的重要部件,由拨粮翘、砂辊、粮筛、排米翘、调节手轮、阻刀、出口闸板、出米嘴等组成。砂辊和粮筛组成的空间称为“碾白室”,它们之间的距离称为“碾白间隙”,可通过砂辊的轴向

转动来调节。

除糠部分由风扇、除糠器、风量调节板、出粮口等组成。除糠器在风扇作用下产生负压，可将米流中的糠屑吸走。

工作时，原料由进料斗经进料闸板进入碾白室，在砂辊的高速切削作用下，把谷粒的皮层剥落并进行碾白。物料的碾白精度由拨粮翘、阻刀、进料闸板配合碾白室空隙和机器的转速来控制。经过研磨切削的米粒从出米嘴排出机外。

原粮在碾白过程中脱下的壳和糠，部分通过碾白室外围的糠筛筛孔排出；剩余部分随米粒从出米嘴排出时，被气流吸走。这两部分分离出的壳和糠，一起由风机吹送出机外。一般根据原粮情况和碾白要求，需加工 2～4 遍，才可把谷物的壳皮全部磨净。

4. 碾米机的使用与调整

(1)安装　碾米机一般安装在水泥基座上，若工作地点经常变动，可把碾米机和动力机安装在牢固的木制或金属框架上。底脚基面必须水平，安装高度以方便操作为宜。碾米机与动力机的皮带轮的轴心线必须平行，并使两个皮带轮的中心线在同一平面内，以防皮带脱落，其中心距按规定而定。立式砂辊碾米机底平面还应与基座密封，以防漏风，影响除糠效果。

碾米机安装后还要进行检查。以横式铁辊碾米机为例，检查内容如下：

①辊筒的安装情况。两节辊筒的连接端应在砂轮上磨平，齿应对齐(若无法对齐，其齿突出方向应顺着稻谷流动方向)，两辊中部与轴固定的链不应松动。两端的闷盖螺母应旋紧，并与辊筒外缘平齐。辊筒装在机箱内，与出口端靠紧，最大间隙不超过 2 毫米，防止米粒嵌进，造成碎米。

②米筛的安装情况。压紧米筛用的压条应紧贴机箱，并与机箱平齐。压条上的埋头螺钉应埋在压条内，与压条平齐。米筛插入压

条时，先插进口端的一块，然后再插出口端的一块，两块米筛顺米流方向搭接好后，用筛托顶住旋紧。两块米筛安装要平直，不应有中间高两头低或两头高中间低的现象，米筛与压条间不应有缝隙。

③米机盖与机箱两端轴承处的密封情况。密封处应用毛毡或石棉绳填好，以防漏米。

(2)调整

①辊筒转速的调整。头道碾米需要的压力大，转速应低些；二、三道碾米需要的压力小，转速稍快；对谷粒水分大或粉质米粒，转速应慢些。另外，适当降低速度可以减少动力消耗，降低作业成本。

②进出口闸板的开度调整。进出口闸板的开度有调节碾米机流量、控制碾米机内部压力的作用。若进口闸板开度大而出口闸板开度不相应开大，则破壳和碾白效果提高，但动力消耗增大；若进口闸板开度过大或出口闸板开度过小，均会造成碾米机堵塞，产生碎米。实际操作时，一般用进口闸板适当控制流量，用出口闸板控制碾米机内部的压力，以达到精度要求。

③米刀的调整。米刀与辊筒之间的间隙大小会影响碾白效果及碎米率。一般米刀都倾斜安装，在入口端米刀与辊的间隙为 2～3 毫米，出口端为 3～5 毫米。

米刀的调整应根据谷粒的大小进行，一般先调进口闸板，用出口闸板调节碾白精度，如不能达到要求，再调节米刀，然后复查进口闸板开度，看能否再提高流量。经调整达到要求后，再拧紧固定螺钉。

④米筛的调整。米筛与辊筒的间隙与碾米机的结构有关，其间隙一般在 8～14 毫米。间隙太小，则米碎、负荷轻、机件磨损大；间隙太大，则负荷重、含谷量多，容易卡死辊筒，造成事故。

(3)操作注意事项

①原料加工前，必须经过清选，防止杂物进入机内造成损坏。

②开机前，应检查各连接件是否牢固，各转动部件和调节件是否灵活、可靠等。

③开机后，先空转2～3分钟，待机器运转平稳后，再逐渐打开进料闸板和出料闸板。当出粮质量和白度符合要求时，即可固定调节板。

④碾米作业时，应特别注意安全。操作者站在进料斗前加料，身体要远离皮带轮和皮带，以免发生事故。发现机器有异常响声或轴承温度突然升高时，应立即停机，查明原因，排除故障后再继续工作。

⑤停机前，应先把进料口闸板关闭，使碾臼室内的粮食全部排出机体后才能停机。

5.碾米机常见故障及其排除方法

碾米机常见故障及其排除方法见表8-1。

表8-1　碾米机常见故障及其排除方法

故障现象	故障原因	排除方法
不出米或出米少	主轴辊筒转向不对。	调换传动方向。
传动皮带脱落	皮带轮位置不正； 物料堵塞； 进料调节板开度过大。	调换皮带轮； 停机后转动皮带轮，排出堵塞物； 适当调小开度。
米中谷粒多	进出口调节板开度不合适； 米刀与碾辊间隙过大； 碾辊磨损。	调整进出口调节板到合适开度； 间隙调小； 更换碾辊。
碎米多	稻谷湿度大； 出口调节板开度太小； 米刀与碾辊间隙过小； 碾辊转速太低。	稻谷晾晒后再碾； 调大出口开度； 调大米刀与碾辊间隙； 调碾辊转速。
轴承过热	润滑脂不足或过脏； 轴承损坏； 主轴轴向移动。	添加或更换润滑脂； 更换轴承； 修理主轴或轴承座。

续表

故障现象	故障原因	排除方法
机内有撞击声	异物落入机内； 米刀撞击辊筒； 辊筒松动； 主轴轴向移动。	清除异物； 调整间隙； 拧紧螺母； 修理主轴或轴承。
机器强烈震动	拉紧螺栓、轴承座或底脚处螺栓松动。	逐一检查拧紧。
生产率低	皮带打滑； 主轴转速不够或功率不足； 碾辊磨损。	调整皮带紧度； 提高转速或增大功率； 修复或更换碾辊。

二、磨粉机的使用与维修

磨粉机主要用于加工麦、玉米等粮食作物。它是利用挤压及研磨原理将小麦或玉米碾磨成粉，然后用细筛将面粉与麸皮分开。

磨粉机分为盘式磨粉机、锥式磨粉机和对辊式磨粉机三种。其中对辊式磨粉机具有磨粉质量好、物料温升低、研磨时间短、产量高、功耗低和操作简便等优点，在农村得到广泛使用。

1.磨粉机的构造和工作过程(对辊式)

对辊式磨粉机主要由磨粉、筛选、传动和机架四部分组成，如图 8-7所示。

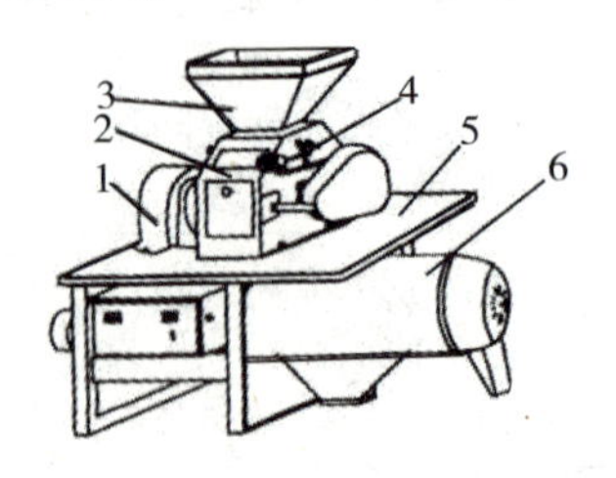

1. 传动机械；2. 研磨室；3. 进料斗；4. 辊距调节机构；5. 机架；6. 圆筒筛

图 8-7 对辊式磨粉机

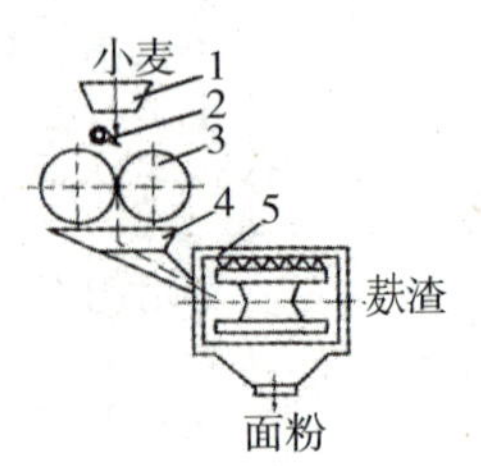

1. 料斗；2. 流量调节机构；3. 磨辊；4. 出料斗；5. 圆筒筛

图 8-8 对辊式磨粉机工作过程

磨粉部分由进料斗、流量调节机构、快慢磨辊、磨辊间距调节机构和机体等组成。流量调节机构与磨辊调节机构之间是联动的。

筛粉部分有平筛和圆筛两种类型。平筛是由若干个不同筛孔的木质筛格叠合而成，采用振动式筛理；圆筛采用回转式筛理。

工作时，物料由进料斗通过流量调节板流到慢辊上，再由慢辊把物料喂入快辊和慢辊之间(如图 8-8)。辊面有一定角度的细密齿，研磨能力较强，加上快、慢辊的相对转速不同而产生剪切作用，使物料被磨成粉状，经出料口进入圆筛。细粉在风力和毛刷作用下，经筛网从出粉口流出；麸渣从圆筛一端的出麸口流出，并由人工再次放入进料斗继续进行研磨。小麦一般需重复研磨 4～5 次。

2.磨粉机的使用与调整

(1)磨粉机的安装　磨粉机的安装与碾米机相同。磨粉机安装后，要进行相关检查：

①检查动力机旋转方向是否与磨粉机外壳上箭头方向一致。

②检查传动皮带的张紧程度是否适宜。

③检查螺栓紧固情况和安全防护装置的可靠性。

(2)磨粉机的调节

①喂入量的调节。喂入量是指单位时间从料斗进入研磨区物料的数量。喂入量的大小是由调节板与慢辊之间的间隙来调节的(如图 8-9)，一般根据物料颗粒的大小和工作情况而定。

开机前，应先根据流量大小的要求，把流量调节滑块调到一定位置上。一般预调的流量应小，以避免流量过大时闷车。机器开动后，物料的重量及压簧的作用，使流量调节板打开到预调位置。如该位置所达到的流量偏大或偏小，可转动微量调节小手轮，使流量满足要求。调整螺栓和限位螺钉，使落闸后流量调节板与磨辊的间隙处在既不漏粮、也不摩擦的位置。

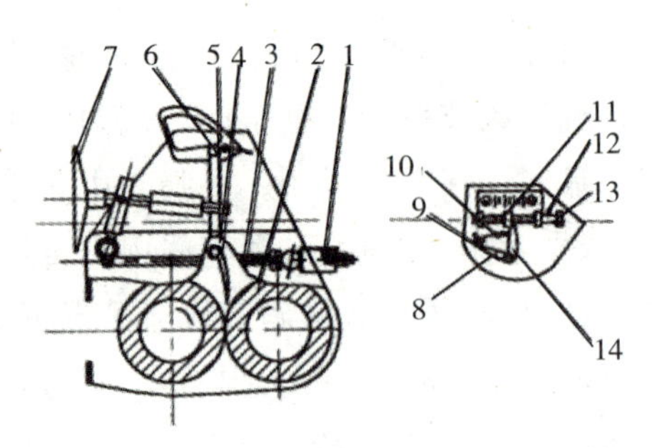

1. 压簧；2. 慢辊；3. 拉杆；4. 流量调节板；5. 闸钩；6. 流量调节手柄；7. 流量调节大手轮；8. 联动座；9. 螺栓；10. 流量调节拉簧；11. 流量调节滑块；12. 限位螺钉；13. 流量调节小手轮；14. 流量调节手柄

图 8-9　对辊式磨粉机流量和磨辊间隙调整

②磨辊间隙调节。

• 粗调。先合上闸，调整压簧外端的调整螺母，使压簧压缩，并使两根压簧的压力保持一致。一般螺母每转一圈的调节量是0.2～0.4毫米。调好后，再观察两磨辊间的间隙是否一致。

• 细调。用 180 毫米宽的薄纸条喂入到两磨辊间，转动流量调节大手轮，以调节轮距。一般手轮每转一圈的调节量是 0.04～0.06 毫米。用手转动皮带轮，观察薄纸条被两辊压的痕迹是否均匀。如痕迹不均匀，可调节拉杆长度和压簧的压力，使痕迹均匀。

• 使用中调整。检查磨下物料破碎度是否均匀，若不均匀，调节压簧的压力即可。

③磨辊磨齿排列选用。磨辊是磨粉机的主要工作部件，其表面有细而密的磨齿。磨齿有锋角和钝角之分，新拉出的磨辊齿形排列应为钝对钝；当磨辊齿形磨损后，生产率明显降低，此时可把快慢辊对换使用或将慢辊调头，使齿形排列为钝对锋；当磨辊齿尖进一步磨损，生产率更低时，将快辊调头，使磨齿排列成锋对锋。当磨齿处磨成较大的平面，磨粉量已下降到每小时 50 千克以下，且耗电量明显增加时，应重新拉齿。一般拉齿一次可生产 1.5～2 万千克面粉。

④壁板的调整。左右壁板用于防止物料未经研磨就从磨辊两端

漏出，左右壁板与磨辊之间的间隙以不漏粮为准。当磨辊直径变小时，应将螺栓松开，使壁板下移至所需位置后，再把螺栓拧紧。

⑤长滑板的调整。长滑板与慢辊之间应保持 1.5～2 毫米的间隙，以防漏粮或摩擦磨辊。当更换磨辊时，需调整长滑板与慢辊之间的间隙。其方法是：松开螺栓，转动曲柄，使滑板与慢辊之间保持适当的间隙，然后紧固螺栓。

⑥圆筒筛的调整。圆筒筛的筛绢过紧会影响其使用寿命，过松又筛不净。所以使用一段时间后，应进行调整。其方法是用扳手转动棘轮轴，可以适当调整筛绢的紧度。

(3)操作要点与注意事项

①加工的物料必须经过筛选和水选后才能入机加工，含水量控制在 13%～14%为宜。严防铁块、石块等混入，以免损坏机器。

②开机后，先空车运转，检查机器是否有显著震动或其他异常现象；空转时，严禁两磨辊直接接触，以免空磨磨辊。

③运转正常后，一面旋转调节手轮，一面慢慢打开进料斗的插板（或缓缓推动闸钩至工作位置），观察喂料情况及研磨破碎情况。要检查面粉中是否有麸皮或麸皮中是否有面粉，并注意轴承和齿轮箱有无过热现象。

④加工原粮应本着先粗后细的原则，逐渐调节两磨辊的间隙，并随着研磨遍数的增加，进料斗插板（或流量调节板）的开度应逐渐增大。

⑤对新安装或更换磨辊的磨粉机，开车 1 小时后必须停车，重新把各处螺丝拧紧。

⑥停磨前，应退回调节丝杆（或关上闸钩），使运动着的快、慢磨辊及时脱开，以免两磨辊直接接触、摩擦。

⑦工作结束后，使圆筛继续转几分钟，以免有过多的面粉和麸渣积存在筛内，同时打开两磨窗进行通风，让里面的热气散去。

3.磨粉机常见故障及其排除方法

对辊式磨粉机常见故障及其排除方法见表 8-2。

表 8-2　对辊式磨粉机常见故障及其排除方法

故障现象	故障原因	排除方法
生产率达不到要求	流量小； 磨辊间隙不一致； 磨辊磨齿排列不对； 弹簧压死； 圆筛内的刷子刷不到箩底； 电机皮带轮直径偏小，转速太低； 两磨辊直径变小，大小齿轮咬死无法调整。	调节小手轮，增大流量； 调整拉杆上螺母，使间隙一致； 调整磨齿排列，应为钝对钝； 调整拉杆上螺母，使弹簧弹性适当； 调整筛刷，使其刷到箩底； 按要求加大电机皮带轮直径； 更换磨辊。
面粉粗或不白	筛绢孔粗或破损； 磨辊间隙调得太小； 磨辊排列方法不对； 弹簧压力太大； 磨辊拉丝角度不对； 磨辊硬度偏小。	更换筛绢； 放开大手轮； 调整磨辊排列，使其为钝对钝； 调整拉杆上螺母，使弹簧放松； 调整磨辊拉丝角度为 35°～65°； 检查磨辊硬度，更换磨辊。
轴承发热	轴承内有脏物； 转速过高； 轴承磨损严重。	拆开轴承，清洗后加注新油； 控制转速； 更换新轴承。

三、饲料加工机械使用与维修

饲料是发展畜牧业的基础，对提高畜禽产品产量和质量起着重要作用。在喂饲前对饲料进行加工和调制，能提高饲料的饲用价值，有利于畜禽的消化与吸收。常用饲料加工设备有青饲料加工设备、饲料粉碎设备和配合饲料加工设备等。本节主要介绍秸秆切碎机和饲料粉碎机的构造、工作过程、使用和保养。

1.秸秆切碎机

我们把能将各种植物秸秆类饲料（如谷草、稻草、麦秸、干草、玉

米秸和各种青饲料)切碎成段的机械,称为“秸秆切碎机”。

秸秆切碎机按机型大小可分为小型、中型和大型三种;按切碎器型式不同,可分为盘刀式和滚刀式两种;按喂入方式不同,可分为人工喂入式、半自动喂入式和自动喂入式三种。

一般小型秸秆切碎机(又称“铡草机”)以滚刀式为多,大中型秸秆切碎机多为轮刀式。

(1)滚刀式秸秆切碎机　滚刀式秸秆切碎机主要由喂入部分、铡切抛送部分、传动部分和机架组成(如图 8-10)。

喂入部分有上、下两个锯齿形的喂入辊,上喂入辊用弹簧拉住,可以上下自由起落钳送饲草;下喂入辊设有正反向离合机构,由操作手柄控制,可以使喂入辊正转、反转或停止转动。

铡切抛送部分由切碎器和定刀组成。切碎器由动刀片和刀盘组成,动刀片对称地安装在刀盘上,与定刀组成切割副。切碎器同时起到切草和抛送作用。

工作时,上下喂入辊反向转动,秸秆被挟持、压紧送入,由滚筒上的动刀片与定刀片配合,将其切割成一定长度的碎段,由风扇吹送,经排料口排出(如图 8-11)。

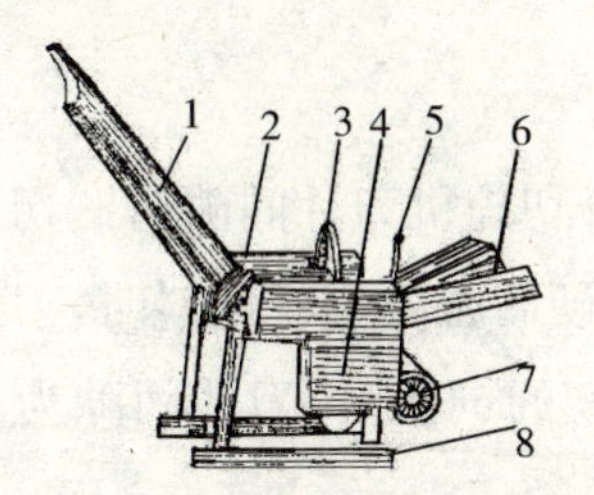

1. 抛送风筒;2. 切草室;3. 喂入辊部分;4. 传动部分;5. 操纵手柄;6. 喂入槽;7. 电动机;8. 机架

图 8-10　滚刀式秸秆切碎机

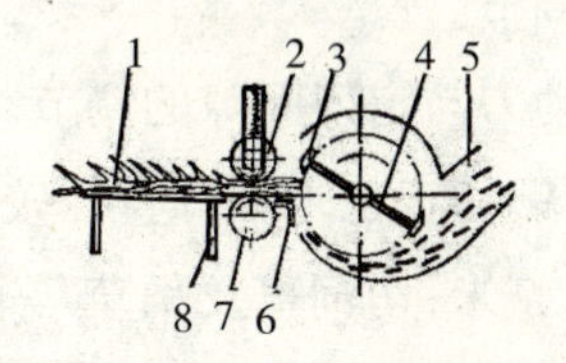

1. 秸秆;2. 上喂入辊;3. 动刀片;4. 刀盘;5. 送风筒;6. 定刀片;7. 下入辊;8. 喂入槽

图 8-11　滚刀式秸秆切碎机工作过程

(2)轮刀式秸秆切碎机　轮刀式秸秆切碎机主要由输送链、上喂入辊、下喂入辊、定刀片、刀盘、动刀片(2～3 个)等组成。

工作时，秸秆由输送器送向喂人辊，经压实后送到动、定刀片配合处，将其切成碎段。切碎后的秸秆被抛送叶板（2～6 个）送出机外。其工作过程如图 8-12所示。

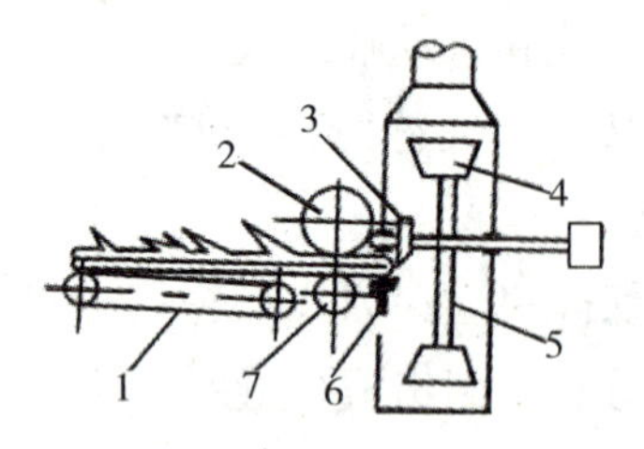

1. 链板式输送器；2. 上喂入辊；3. 动刀片；4. 抛送叶板；
5. 刀盘；6. 定刀片；7. 下喂入辊

图 8-12　轮刀式秸秆切碎机工作过程

(3)秸秆切碎机的使用

①安装。固定式小型切碎机应固定在地基或长方木上，电动机与切碎机中心距为 1.2～1.4 米。

移动式大中型切碎机切碎青贮饲料时，应将轮子的上半部分埋入土中，动力与切碎机中心距为 3～6 米。切碎机出口处可安装弯槽和控制板，以调节落料点的位置。

②调节。

•动刀与定刀间隙的调节。秸秆切碎机刀片间隙对铡切质量影响很大，铡切青玉米秆等直径较粗或硬而肥的茎秆饲料时，刀片间隙为 1～2 毫米；切饲草及稻草等软而韧的饲料时，刀片间隙为 0.5 毫米左右。

调节刀片间隙时，先松动刀片上的锁紧螺栓，转动调整螺钉来顶送销子，可使动刀片向前移动。当动刀刃与定刀刃调节到刚接触而不砍刀时，紧固螺栓，使动刀片固定在刀盘上。

•碎段长度的调节。通过改变切碎器与喂入机构的速度比来调节碎段长度。当切碎器转速一定时，提高喂入机构的速度，碎段就变

长；反之则变短。

③操作要点与注意事项。

• 开机前必须将所有安全防护罩装好。

• 启动切碎机，空运转 2～3 分钟，检查切碎器旋转方向是否正确，有无异常响声。如果运转正常，合上离合器，再检查喂入辊、输送链是否正常。

• 切碎机运转时，皮带两侧不准站人。严禁操作人员卸掉压草辊和输送链，直接用手向喂入辊喂料。

• 堵渣时，应立即拉开离合器，停车后清除堵塞的饲草。严禁在机器运转时排除故障或卸皮带。工具不得放在料堆和机器上，以防混入机内，损坏刀片。

• 正常喂草时，上喂入辊会抬离 16～20 毫米。喂草不宜过多，更不允许将草成捆喂入。喂乱草或碎草时，应掺入整草喂入。

• 作业结束时，让切碎机继续空转几分钟，以将送风筒内残留碎草排净。

2. 饲料粉碎机

饲料粉碎机主要用来将干草、秸秆和谷粒等粉碎。通过粉碎可以加强畜、禽消化和吸收饲料的能力，提高饲料饲用价值，扩大饲料来源，同时便于后序工序的加工。

目前，应用广泛的是锤片式和爪式饲料粉碎机。

(1)锤片式粉碎机　利用高速旋转的锤片来击碎饲料。其特点是通用性好、粉碎质量好、对饲料湿度敏感性小、调节粉碎粒度方便、生产率高和使用维修方便，但功率消耗大。

①基本构造与工作过程。锤片式粉碎机由进料斗、粉碎部分和排粉输送部分组成，如图 8-13所示。

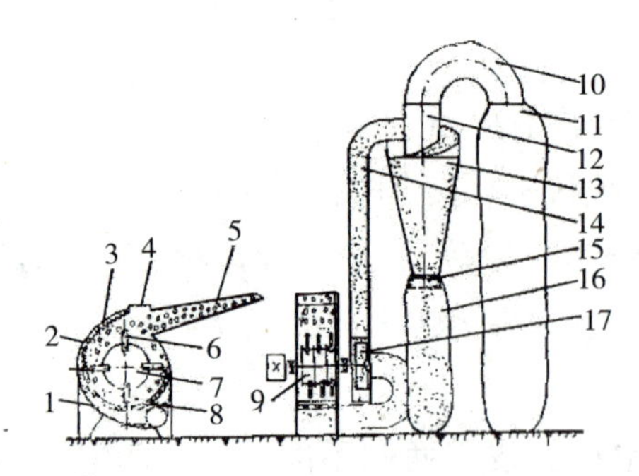

1. 下机体；2. 上机体；3. 齿板；4. 回风口；5. 进料斗；6. 锤片；7. 锤架板；

8. 筛片；9. 转子；10. 弯管；11. 集尘布袋；12. 出风管；13. 集料筒；

14. 输送管；15. 排粉口；16. 集粉布袋；17. 风机

图 8-13　锤片式粉碎机构造和工作过程

粉碎部分由转子、筛片、齿板、上机体和下机体等组成。转子主要由锤片、锤架板、销轴、间隔套管和轴等组成。转子位于机体的中间。上机体内壁装有齿板，齿的工作面与锤片的切向垂直；下机体内装有筛片，上机体与下机体铰接在一起。

排粉输送部分包括风机、输送管、集料筒、集粉布袋等。风机与转子同轴，经输送弯管与筛片下部的机座口相连。

工作时，饲料由进料斗沿转子的切线方向进入粉碎室，被高速回转的锤片打击而破碎，并被弹向齿板，与齿板产生撞击破碎后被弹回，再次受到锤片的打击和齿板的撞击。饲料颗粒经反复打击、撞击作用之后成为细小粉粒。比筛片孔径小的粉粒从筛孔漏出，较大的颗粒仍留在筛面，继续受到上述作用直到从筛孔漏出。经筛孔漏下的饲料粉粒，在风机吸力作用下，经输送管被输送至集料筒。带粉粒的气流沿集料筒壁高速旋转，气流中饲料粉粒在离心力作用下与筒壁摩擦而降低速度，沉积到筒底，从排粉口落入集粉布袋。而较轻的粉尘与空气被从集料筒上部中间的出风管排出，经弯管进入集尘布袋。

②主要工作部件。

• 锤片。锤片是粉碎机用于击碎饲料的主要零件。锤片一般铰接在转子上，以便磨损后更换。常用的锤片有长方形和阶梯形两种。

锤片经长期工作后将产生磨损。若锤片顶端旋转方向一角的台阶磨秃，应调面使用；若一端的两面都磨损，可调头使用；四角都磨秃，应更换新品。每次调换或更换锤片时，应整副同时调换或更换，不能只调换或更换几片，以免转子失去平衡引起震动。更换锤片时，要分组测量锤片的重量，在对称位置上的两组锤片重量差应小于5克。每次拆装锤片所拔出的开口销不能再用，必须使用新开口销，以免脱落发生撞击事故。

• 齿板。齿板用于增强粉碎能力。齿板是一表面有许多凸起齿的弧形板，嵌在上机体内壁上。齿的工作面（迎着轮子回转方向的齿面）应与锤片旋转的切线方向垂直，从而增强粉碎效果。

齿板用白口铸铁制成，要求齿面平直光滑，无翘曲变形和裂纹。若齿形磨损到高度小于3毫米或有裂纹时，要及时更换。

• 筛片。筛片与锤片配合粉碎饲料，同时控制饲料的粗细程度。常用的筛片有圆柱孔筛、圆锥孔筛和鱼鳞孔筛等。目前常用的是圆柱形冲孔筛，其筛孔分4个等级：小孔1～2毫米；中孔3～4毫米；粗孔5～6毫米；大孔8毫米。

(2)爪式粉碎机 利用固定在转子上的齿爪粉碎饲料，它具有结构紧凑、体积小、重量轻、效率高等优点，但对长纤维饲料不适用。

爪式粉碎机主要由主轴、喂料斗、环形筛、动齿盘和定齿盘等部件组成（如图8-14）。动、定齿盘上交错排列着齿爪。齿爪是爪式粉碎机器的主要工作部件，其最佳参数为：动齿爪长度约为粉碎室宽的75%～81%；扁齿线速度为80～85米/秒；扁齿与筛片间隙为18～20毫米；动、定齿爪间隙为：内圈35～40毫米，外圈10～20毫米。

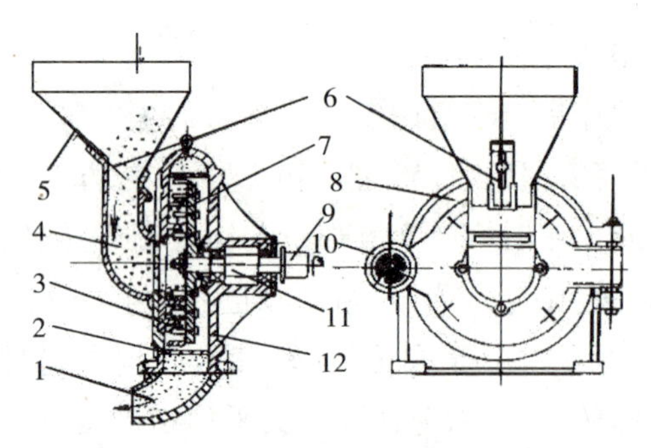

1.出粉管;2.筛片;3.定齿盘;4.进料管;5.盛料斗;6.控制闸板;7.动齿盘;8.粉碎室盖;9.皮带轮;10.压紧手轮;11.主轴;12.机体

图 8-14 爪式粉碎机

工作时,饲料由喂料斗通过进料控制插门,靠自重进入粉碎室。在粉碎室中,饲料经高速旋转的动齿剪切和冲击,被打入动齿和定齿的工作间隙内,然后抛向四周。饲料在运动过程中,受齿爪的多次打击、搓擦和摩擦而粉碎。同时,高速旋转的动齿盘形成的风压把粉碎物通过筛孔吹出,较大的颗粒仍留在筛内继续粉碎,直到能通过筛孔为止。

(3)粉碎机的使用

①安装。粉碎机一般安装在水泥基座上,也可安装在铁制或木制的机座上,但必须牢固,以防机器工作时产生震动。为了减少震动、冲击和噪音,在机座下面应用橡胶或减震器支承。若由粉碎机的下部出料,基座应高出地面;若用输送风机出料,基座可与地面齐平。粉碎机安装后应做以下检查:

• 检查零件是否完整和紧固,特别是齿爪、锤片等高速转动的零件必须牢固可靠,锤片销轴上的开口销要牢靠。

• 检查锤片的排列方式是否符合要求,一般采用交错排列。

• 检查筛片与筛架及筛道是否贴严,以防漏粉。

• 检查轴承的润滑油,若发现润滑油硬化变质,应用清洁的柴油或煤油清洗干净,按说明书规定更换新润滑油。

• 检查粉碎室内有无杂物，用手转动皮带轮，转子应转动灵活。

②调节。

• 喂入量的调节。粉碎颗粒饲料时，用进料斗上的闸板控制喂入口大小；粉碎长茎秆饲料时，用人工控制喂入量，可在进料斗前增设进料台，茎秆应均匀散开，用手压住，逐渐喂入，以不超负荷为宜。对于齿爪式粉碎机，喂长茎秆饲料前，应先切短（长约 150 毫米），然后喂入粉碎。

• 粉碎粒度调节。粉碎粒度的粗细靠更换不同孔径的筛片来调节。在换装筛子时，筛片和筛托间要贴牢，并保证 12 毫米左右锤筛间隙；安装新筛片时，应将带毛刷的一面向内，光面向外，以利排粉，否则容易堵塞。

齿爪式粉碎机的两个筛圈要保持平行并上紧，以免漏粉。将筛子装入机体时，应注意筛片接头处的搭接方向，应顺着动齿盘的旋转方向，以防阻塞。

③操作要点与注意事项。

• 被加工物料必须经过清选，去除金属、石块等硬杂物，以免损坏机器。加工物料的湿度也要符合要求，一般粉碎干料时，含水量不超过 12%～14%；混水粉碎时，应准备适量的水。

• 用手转动皮带轮，看有无碰撞及摩擦现象，然后空转 2～4 分钟，检查粉碎机的转向，待机组运转平稳后方可工作。

• 工作时，操作者衣袖要扎紧，站在机器的侧面，严禁将手靠近喂入口送料。为帮助送料，可用木棍，切忌用铁棍。

• 机器运转时，操作人员不得离开机组，也不要在运转中拆看粉碎室内部。工具不能放在料堆和机器上，听到机器有异常声音，应立即停车，待机器停稳后再拆开检查，排除故障。

• 每次停机检查后，应清除粉碎室内的存料，不许在有负荷情况下起动，机器空转平稳后，才可重新填料。

• 轴承温度过高时（超过 55℃），应停机检查，找出原因，排除故障。

• 用粉碎机打浆时，要不断地加入适量的水。注意不要把水溅到电器部分，更不要用湿手接触电器部分，以免发生触电事故。

• 每次工作完毕之前，应空转 2～3 分钟，待机内物料完全排出后，方可停止粉碎机和风机。

(4)粉碎机常见故障及其排除方法 粉碎机常见故障及其排除方法见表 8-3。

表 8-3 粉碎机常见故障及其排除方法

故障现象	故障原因	排除方法
粒度太粗或不匀	筛片有破漏； 筛片连接处有漏孔； 筛片规格不符。	修复或换新筛片； 正确安装； 选用合适筛片。
生产率下降	功率不足，转速太低； 锤片严重磨损； 物料太湿； 筛片规格不符。	调整额定功率和转速； 调换工作角或更换新锤片； 晒干后再粉碎； 选用合格筛片。
机器强烈震动	转速过高； 机座不稳或地脚螺栓松动； 轴承损坏； 转子不平衡。	用额定转速工作； 紧固； 更换新轴承； 调整平衡。
粉碎室有异常响声	有硬物进入； 机内零件脱落； 锤片间隙过小。	停机清除； 停机检查修复； 调整到规定的间隙。
轴承过热	转速过高； 润滑不良； 油封损坏或进入脏物； 轴承损坏； 转子不平衡。	用额定转速工作； 按规定加注润滑脂； 更换新油封，清洗轴承； 更换新轴承； 调整平衡。

参考文献

[1] 张瑞宏等. 农业机械基础知识[M]. 北京:中国农业出版社,2004.

[2] 李宝筏. 农业机械学[M]. 北京:中国农业出版社,2003.

[3] 蒋恩臣. 农业生产机械化[M]. 北京:中国农业出版社,2003.

[4] 马淑英等. 农业机械技术[M]. 北京:中国农业科技出版社,2001.

[5] 孙玉兴等. 联合收割机驾驶员[M]. 北京:中国农业大学出版,2002.

[6] 席新民. 大中型拖拉机驾驶员读本[M]. 北京:中国农业科学技术出版社,2005.

[7] 王珏. PF455 型水稻插秧机使用维修读本[M]. 北京:方志出版社,2004.

[8] 高连兴等. 农业机械概论[M]. 北京:中国农业出版社,2000.

[9] 汪懋华. 农业机械化工程技术[M]. 郑州:河南科学技术出版社,2000.

[10] 水利部农村水利司. 中国灌溉排水技术[M]. 北京:中国农业出版,1998.

[11] 王珍美等. 饲料加工机械使用维护与故障排除[M]. 北京:

金盾出版社,1999.

[12] 沈林生. 产品加工机械[M]. 北京:机械工业出版社,1988.

[13] 尚书旗. 农业机械应用技术[M]. 北京:高等教育出版社,2002.

[14] 宫元娟. 常用农业机械使用与维修技术问答[M]. 北京:金盾出版社,2010.

[15] 肖兴宇. 作业机械使用与维护[M]. 北京:中国农业大学出版社,2009.

[16] 朱秉兰. 农业机械使用与维修[M]. 郑州:河南科学技术出版社. 2006.

[17] 王自谦等. 农业机械驾驶操作人员读本[M]. 兰州:甘肃民族出版社,2007.

[18] 李宝筏. 农业机械学[M]. 北京:中国农业出版社,2003.

[19] 宋建农. 农业机械与设备[M]. 北京:中国农业出版社,2006.

[20] 景启坚. 农业机械实用新技术[M]. 南京:河海大学出版社,2006.

[21] 胡霞. 新型农业机械使用与维修[M]. 北京:中国人口出版社,2010.